聚合物构效关系及油藏适应性评价
——以大港油田为例

葛党科　张杰　王晓燕　王伟　著

化学工业出版社

·北京·

内容简介

本书从油田开发实际需求出发，针对大港油田油藏特点、开发现状和存在问题，在深入调研高浓度聚合物驱和无碱二元复合驱等驱油机理理论基础上，系统研究了聚合物溶液构效关系及作用机制、聚合物溶液油藏适应性评价方法、高浓度聚合物溶液增黏性和渗流特性、高浓度聚合物溶液油藏适应性及影响因素等系列关键技术，这些研究成果将为现场试验提供有效的技术依据和理论指导。

本书可作为石油开发生产专业技术人员、技术管理人员以及石油院校相关专业的师生阅读参考。

图书在版编目（CIP）数据

聚合物构效关系及油藏适应性评价——以大港油田为例 / 葛党科等著. —北京：化学工业出版社，2020.12
ISBN 978-7-122-37891-0

Ⅰ.①聚⋯ Ⅱ.①葛⋯ Ⅲ.①聚合物-化学驱油-研究
Ⅳ.①TE357.46

中国版本图书馆 CIP 数据核字（2020）第 193009 号

责任编辑：李晓红　　　　　　　　　　装帧设计：王晓宇
责任校对：宋　玮

出版发行：化学工业出版社（北京市东城区青年湖南街 13 号　邮政编码 100011）
印　　装：北京盛通商印快线网络科技有限公司
710mm×1000mm　1/16　印张 11½　字数 197 千字　　2020 年 12 月北京第 1 版第 1 次印刷

购书咨询：010-64518888　　　　　　　　售后服务：010-64518899
网　　址：http://www.cip.com.cn
凡购买本书，如有缺损质量问题，本社销售中心负责调换。

定　　价：68.00 元　　　　　　　　　　　　版权所有　违者必究

前言

面对老油田高含水、高采出程度、单井产量不断下滑等日趋复杂的油田开发形势，中国石油天然气股份有限公司于2005年启动重大开发试验项目，目的是解决已开发油田整体提高采收率问题。勘探生产分公司于2010年7月在成都组织召开了"中石油二元驱重大开发试验工作会"，会议确定加快大港油田的聚合物/表面活性剂二元驱进度，总目标是将采收率提高10%～15%。大港油田公司联合多个科研院校，以港西三区为工程依托，历时6年，目的是为环渤海湾地区老油田提高采收率开辟一条新的技术途径。该项技术属于三次采油技术前沿，需要大量的基础研究工作，其中高浓度聚合物驱与聚合物/表面活性剂二元驱特征研究尤为关键。为此本书系统研究了对聚合物溶液构效关系及作用机制、聚合物溶液油藏适应性评价方法、高浓度聚合物溶液增黏性和渗流特性、高浓度聚合物溶液油藏适应性及影响因素等系列关键技术，这将为现场试验提供有效的技术依据和理论指导。

在全面总结室内实验研究成果基础上，编著了《聚合物构效关系及油藏适应性评价——以大港油田为例》一书。全书由葛党科、张杰、王晓燕、王伟著。严曦、崔丹丹、程丽晶、苑光宇、庄永涛、柳敏、杨怀军参与了部分撰写筹备工作；承担本研究工作的研究人员有中国石油大港油田公司的李辉、陈瑜芳、张景春、程海鹰、邢立国、章杨、何松、赵凤祥、殷庆国、杨太伟、梁杰、黄涛、刘文、王海峰、王营营、胡南、韩松；东北石油大学卢祥国对本书进行了审校，在此一并致谢！

在此，对所有参加聚合物/表面活性剂二元驱技术研究及支持本书出版的单位和专家表示由衷的感谢。本书难免存在不足和疏漏之处，敬请各位读者批评指正。

作者

2020年9月

目录

066　第5章　高浓度聚合物溶液的油藏适应性及影响因素

096　第6章　聚合物/表面活性剂二元体系的驱油效率及影响因素

第**1**章

绪 论

1.1 目标油藏地质特征和开发现状

1.1.1 地质特征

港西三区位于港西开发区的中部,东部与一区三断块相邻,西部与四区相邻,南北受断层遮挡,东部被横断层切割,构造相对完整。油层纵向分布集中,横向分布稳定。主力油层为 NmⅢ、NgⅢ,油层埋藏深度 602m～1360.8m,纵向上油水层间互出现,无统一的油水界面。断层封闭,内部边底水不活跃,主要依靠人工注水能量驱动。原始地层压力为 9.14MPa～12.85MPa,地层温度 53℃。含油面积 4.95km^2,地质储量 26061 万吨。明化镇组平均孔隙度 29.58%,渗透率为 0.67μm^2,地层原油黏度 19.3mPa·s;馆陶组平均孔隙度 30.49%,渗透率为 1.86μm^2,地层原油黏度 43mPa·s。储层物性以高孔、高渗为主。

港西三区原油密度为 0.9204g/cm^3,黏度为 76.17mPa·s,凝固点为−12.1～15.8℃,含蜡为 9.1%,胶质+沥青质含量为 14.6%,地层水为 NaHCO$_3$ 型,地层水总矿化度为 13454mg/L。

1.1.2 开发现状

港西三区注水开发到现在已经 30 多年,开发过程中经过几次较大规模的调整,取得了比较好的效果。

（1）常规水驱挖潜阶段（2006 年 12 月以前）

利用油藏描述成果,针对剩余油富集区建立疏密结合的注采井网,开展单井点(区)的剩余油挖潜,阶段末综合含水 85.5%,采出程度 45.5%,采油速度 0.66%。

（2）粗分层系不规则井网阶段（2007 年 1 月—2014 年 6 月）

以老井为基础,补充个别新井,通过较粗的层系组合与不规则注采井网,开展聚合物驱工业化试验,阶段注入聚合物段塞 0.3PV 与聚合物/表面活性剂二元段塞 0.15PV。注入压力上升 1.2MPa,油井见效率 82.1%,阶段增油 9.28 万吨,含水降低 3.1 个百分点。因井网基础较差,阶段末采出程度 51.96%,采油速度 1.61%,与方案设计相差 33.2%,未达到预期效果。

（3）精细分层规则井网阶段（2014 年 6 月至今）

以试验层为核心,精简开发层系,利用新井构建规则五点法井网,已阶段注入聚合物/表面活性剂二元驱段塞 0.384PV,开发效果十分显著,达到了方案预期，采出程度达到 59.1%，采油速度 2.0%，阶段提高采出程度 12.2 个百分点。

1.2 化学驱技术现状及发展趋势

1.2.1 聚合物驱技术

聚合物驱技术是化学驱中比较可行的一种提高采收率的技术。早期聚合物驱理论认为，聚合物驱只是通过增加注入水黏度，改善水油流度比，扩大注入水在油层中的波及体积来提高原油采收率。基于毛管数与驱油效率关系认为，聚合物驱不能提高驱油效率和降低残余油饱和度。因此，有人把聚合物驱称为改性水驱，即二次采油。国外对聚合物驱油技术作用机理认识程度不高。美国 20 世纪 70～80 年代在现场实施了很多聚合物驱油区块，但平均采收率增幅只有 4.9%（大庆油田认为提高 6%～7%采收率是经济下限），经济效益差。我国大庆油田室内研究和矿场应用结果表明，聚合物驱是一种大幅度提高原油采收率的有效方法。聚合物驱油过程中，由于聚合物分子在多孔介质中的滞留作用，使高渗透层渗流阻力增加，注入压力提高，扩大了平面和纵向波及体积，进而提高了原油采收率。

聚合物的种类和用途很多，驱油用聚合物主要有两种，一种是应用较为广泛的部分水解聚丙烯酰胺（HPAM），另一种是黄原胶，二者主要应用在高矿化度溶剂水的聚合物驱。相比较而言，人们更为关注 HPAM 溶液的特性和应用。

聚合物溶液的流变特性和黏弹特性是聚合物溶液在多孔介质中流动性研究的基础。关于聚合物特性的专著有很多，这些专著基本都是从高分子物理化学、结构流变学或力学性能角度研究聚合物稀溶液或熔体的性能，所得结论不能直接用于驱油用聚合物溶液。在石油工程领域，聚合物溶液的黏滞特性和流变特性研究已经开展多年，形成了比较成熟的测试方法和行业标准。这些研究都是借助实验方法，用各种流变模型对聚合物溶液的流变特性进行描述，这些模型包括 Meter、Gross、Garreau、Ellis 和幂律模型，其中最简单的、也是最便于应用的幂律模型得到了广泛应用，这是因为尽管聚合物溶液流变曲线中存在第一和第二牛顿区，聚合物溶液驱油时，它在多孔介质中流动一般处于幂律段上。

近年来，聚合物溶液黏弹特性的研究引起了石油界的关注。对聚合物溶液黏弹性描述，可借助于多种实验方法或分子理论。通过实验可测定出储能模量、损耗模量及第一法向应力差等参数，用这些参数能比较不同聚合物溶液的弹性效应，但实验结果往往依赖于测定仪器或测定的工作制度，并且聚合物溶液在流变仪中的流动与在多孔介质中的流动有很大区别，所以将测试结果直接应用于多孔介质时存在一定困难。由 Rouse、Buech 和 Zimm 提出的分子理论认为，可以从高分子的结构特点出发来研究高分子的力学松弛过程，虽然实验结果依赖于聚合物的结构参数，但可用于描述聚合物溶液的黏弹性效应作用机理，可尝试用分子理论解释聚合物溶液在多孔介质中流动时出现的一些规律。

HPAM 溶液在多孔介质中流动时，当流速达到一定程度后，随着速度的增加，表观黏度增加，表现出黏弹特性，这一现象已被许多研究人员所证实。Moam（1978），Jones 和 walte（1989）认为，由于多孔介质存在收缩-发散通道，聚合物溶液通过这些通道时发生变形，产生拉伸流动，增加了流动阻力，导致表观黏度上升。

关于多孔介质中黏弹效应的描述，已有过许多报道。Christopher（1965）通过幂律流体在充填床中的流动实验，把 Blake-kozeng 方程进行修正，提出了幂律流体在多孔介质中流动时摩擦因子和雷诺数的计算方法。Marshall（1967）定义了一个用于描述黏弹性流动特征的重要参数——德博拉数（Deborah）。Haas 和 Durst（1982），Heemsketk（1984），Gupta 和 soidhar（1985），咚曼丽（1987）等人对德博拉数做了测量和计算。Chakrabarti（1991），Vorwek 和 Brunn（1991），张玉亮（1984）等人研究了综合阻力系数和德博拉数的关系，发现对于 HPAM 溶液，在德博拉数达到临界值后，综合阻力系数随德博拉数增加而急剧增加。黏弹性存在条件下的表观黏度一般被认为由剪切黏度和弹性黏度两部分组成。Baijial（1978）和夏惠芬（1999）认为，阻力系数和流速之间为线形关系。Masuda（1992）和 Flew（1993）则认为，弹性黏度与剪切黏度之比与剪切黏度之间为指数关系，Aadnoy（1994）和 Carrington（1996）给出了更为复杂的关系式。韩显卿用升压和降压实验对滞留在多孔介质中的聚合物溶液进行了研究，定义了一个黏弹效应系数，并进行了测定，提出了利用黏弹性效应调整吸水剖面的方法。蒲万芬（2000）在不同多孔介质模型中测定了压力突然变化时聚合物溶液的蠕变回复，并且研究了蠕变回复与驱油效率之间的关系。Southwick（1988）和 Heste（1994）把高速条件下的黏弹性效应应用于井眼周围压降的计算，Ramjhar（1992）认为不同水解度和过滤速度下聚合物溶液的黏弹性不同，驱油效率也不同。马广彦（1996）和伶斯琴（2000）尝试计算考虑黏弹性效应的油藏压力分布。

传统理论认为，聚合物驱不能提高驱油效率，原因是依据残余油饱和度与毛管数的关系，聚合物引起的水相黏度增加使毛管数增加幅度有限，不足以明显降低残余油饱和度。近年来，王德民等人（2000）研究证实，具有黏弹性的聚合物溶液可以提高驱油效率，而且认为残余油饱和度降低的原因来自于多孔介质中平行于流动方向的拉力，而拉力是由黏弹性效应引起的，上述现象已在微观玻璃蚀刻模型中被观察到。

黄延章（1990）也在微观模型中观察到了聚合物溶液可以提高微观驱油效率。汪伟英（1996）测定了不同驱替速度下岩心中的驱油效率，并根据不同速度下聚合物溶液黏弹性的不同，提出了最佳驱油速度的概念。吴文祥（1996）和程杰成（2000）通过实验研究了聚合物分子量对驱油效率的影响。

"聚合物溶液可以提高波及系数"曾被作为聚合物溶液提高驱油采收率的主要机理，理由是聚物溶液可以增加水相黏度，降低流度比。文献中关于聚合物驱波及系数的研究主要集中于以下几个方面。

Sorbie 和 blunt（1984），Allen（1988）计算了幂律流体在多孔介质中的黏性指标。Mahfoudhi（1990），王新海（1994），Saad（1995）和 Thompson（1998）对层状非均质模型中聚合物溶液波及系数进行了数值计算，卢祥国（1995）用实验测定了纵向非均质岩心的采收率。张玉亮（1995）在平面均质模型中用交联聚合物进行了调剖实验。田根林（1998）把分形理论应用于聚合物波及系数的描述。Gleasure（1990）也用聚合物溶液进行了驱油实验。

1993 年黄延章等人将核磁成像技术应用于岩心驱替过程中饱和度的测定，使实时、无损测定岩心中的波及情况成为可能，但这种方法成本太高，不能作为系统地研究黏弹性对波及系数影响的方法。

数值模拟技术已广泛地应用于聚合物驱油的方案设计和动态调整，但在聚合物驱的软件中只考虑了聚合物溶液黏度的作用，没有黏弹性效应机理的描述，研究黏弹性效应下的聚合物溶液在多孔介质中的流动规律，并把所得模型加入到聚合物驱数值模拟软件中，将使数值模拟结果更接近实际。

随着对黏弹性聚合物驱的实验室研究不断取得进展，人们发现高分子量、高浓度聚合物可提高采收率高达 20%以上。在提高采收率幅度上，这些研究结果与三元复合驱的结果完全相似。如果解决注入压力过高问题，优选注聚方案，用黏弹性聚合物驱取代三元复合驱，就可以进一步挖掘聚合物驱油技术的增油潜能，大大提高油田的经济效益。最佳注入条件及方案的优选是指针对地质条件已经确定的油层对象，优选出能够顺利注入油层，并能取得最佳技术和经济效益的聚合物的分子量、用量（mg/L，PV 数）及注入浓度等。姜言里（1993）在实验数据的基础上对聚合物的分子量、用量（mg/L，PV 数）、注入浓度等因素与聚合物驱采收率提高值的关系做了总结说明，并对聚合物驱注入能力的影响因素和最佳注入条件的优选做了分析；韩培慧（1999）利用聚合物驱经济模型计算了不同用量（mg/L，PV 数）下的聚合物驱的经济指标，指出了油层非均质变异系数对聚合物用量的影响；隋军（1999）研究了大庆油田聚合物驱油的动态特征和驱油效果的影响因素，对注入速率、分子量、黏度等因素做了说明；程杰成（2000）研究了聚合物分子量对聚合物溶液黏度、阻力系数和残余阻力系数、原油采收率及机械降解的影响，提出了聚合物分子量的优选方法；王德民（2001）对聚合物黏弹性提高驱油效率的机理做了全面的阐述，并提出了进一步提高聚合物驱采收率的主要措施。

综上所述，采用高分子量和高浓度聚合物溶液的方法是进一步挖掘聚合物驱增油潜能、提高原油采收率的重要措施之一，目前国内尚未有公开研究报道，国外研究也仅限于低浓度、低分子量聚合物溶液。尤其重要的是，在驱油效果与二元复合驱相当的情况下，高分子量、高浓度聚合物驱的经济合理性优于三元复合驱。因此，研究高分子量、高浓度聚合物提高采收率的方法，同时优化注入方案，并结合现场实际，把研究结果用于指导生产实践，将会有十分重要的意义。

1.2.2 高浓度聚合物驱技术

聚丙烯酰胺（HPAM）已在油田得到了广泛的应用，与普通浓度聚合物溶液相比，高浓度聚合物溶液视黏度更大，具有更低流度比和更高注入压力。一方面，在高浓度聚合物溶液注入初期阶段，注入液会优先进入到流动阻力较低的高渗透层。随着注入量增加，高渗透层有效渗透率降低，水相渗流阻力增大，高渗透层和中低渗透层之间因此产生压力梯度。当压力梯度增至一定值时，注入液便会克服黏滞阻力和毛细管力，绕过高渗透层，进入到中低渗透储层，并且在高浓度聚合物溶液突破高渗透层之前，层间压力梯度一直存在，不断扩大注入液波及体积。此后，压力梯度便会逐渐变小乃至消失，扩大波及体积能力受限。另一方面，由于高浓度聚合物溶液视黏度较高，而且表现出较强的抗剪切性，当它在多孔介质中流动时能显著地改善油水流度比，有效地克服注水开发中所出现的指进和窜流现象，使注入液比较均匀地向井口推进。调整地层吸液剖面，从而使高浓度聚合物溶液充分地进入中低渗透层，扩大波及体积。并且高浓度聚合物溶液注入时机越早、用量越大，注入液扩大波及体积能力越强，增油效果就越显著。

传统理论认为，聚合物驱不能提高驱油效率，原因是依据残余油饱和度与毛管数的关系，聚合物引起的水相黏度增加使毛管数增加的幅度有限，不足以明显降低残余油饱和度。近年来王德民等人的研究证实，具有黏弹性的聚合物溶液可以提高驱油效率，而且认为残余油饱和度降低的原因来自于多孔介质中平行于流动方向的拉力，而拉力是由于黏弹性效应引起的。微观上，高浓度聚合物溶液内聚合物分子密度很大，分子链间的物理缠结点增多，造成链与链间的滑动现象减弱，聚合物溶液的黏弹性随之增强。一方面，高浓度聚合物溶液流经几何形状复杂的油层孔隙喉道时，会诱导出二次流，产生"旋涡"。在油藏驱替流动条件下，柔性聚合物分子在应力作用下将产生形变，其弹性又会使其恢复、收缩。因此，当具有黏弹性的柔性聚合物溶液通过多孔介质时，既存在着剪切流动，也存在着拉伸流动。特别是聚合物分子在流经孔道尺寸变化处时，聚合物分子就受到拉伸而表现出弹性。这种特性使进入盲端孔隙的聚合物溶液，具有与流动方向垂直、指向连通孔道的法向力。正是在上述聚合物溶液黏弹性的作用下，才使得聚合物溶液能够进入盲端中驱油。聚合物溶液的弹性效应可使其以"黏弹涡"的形式波及孔隙盲端深处，将其中的残余油剥离分散成油滴或油丝，并"拉、拽"携带至主流区，成为可驱动原油。随着聚合物溶液黏弹性增强，涡流区明显扩大，对盲端和喉道中残余油的驱替能力增强，因孔喉处的残余油被携带出来，使其毛管力发生变化，从而增加了孔喉处的残余油被驱替出来的机会，这种黏弹涡驱替效应是高浓度聚合物溶液提高微观驱油效率的重要机理之一。另一方面，高浓度聚合物在多孔介质中流动时油水界面上同样厚度内聚集的分子数量明显增多，在油水界面上聚合物分子间的相互作用力增强，聚合物在溶液和油相界面上吸附和定向排列，形成排列紧密的油水界面膜，界面黏度变大，使界面的流动性变差。而且聚合物分子间的相互缠绕使其分子聚集体回旋半径增大，在多孔介质中流动时聚合物分子之间的运动会互相制约。因而随着注入压力的增高，聚合物分子产生拉伸变形，"拉、拽"带动后面和周围的分子运动。因此，高浓度聚合物溶液因其黏弹性能够高效地携带孔隙盲端中的残余油，从而提高微观洗油效率。综上所述，高浓度聚合物溶液作为驱油剂不仅可以扩大宏观波及体积，而且可以提高微观驱油效率，大幅度提高原油采收率。

聚合物溶液的流变性和黏弹特性是支撑聚合物驱油机理的一个非常重要的理论依据，所以对聚合物溶液的流变性和黏弹特性进行更加深入的研究，将有助于解释和明确聚合物驱油机理。聚合物溶液在岩心多孔介质中的渗流过程可以通过流变性来体现，流变性是指在外力场作用下，物体发生的流动或形变与内摩擦力之间的关系和规律性。聚合物溶液的黏弹性是指聚合物溶液对施加的外力相应表现为黏性和弹性双重特性。最新研究表明，聚合物溶液的黏弹性不但可以获得更高波及系数，而且可以提高微观驱油效率。损耗模量 G'' 反映了聚合物溶液黏性的大小，储存模量 G' 则反映了黏弹流体弹性的大小。另外一个表征流体弹性性质的重要参数是第一法向应力差 N_1，定义为流动方向与速度梯度方向上应力的差值。非牛顿流体流动时所表现出的诸如爬杆现象、射流胀大现象以及悬空虹吸现象等是法向应力的直接体现。使用流变仪测定流体黏弹性的方法主要有稳态剪切和动态剪切实验。在实验过程中，低剪切速率条件下第一法向应力差测试由于受仪器量程限制而难以获得准确数据。因此，通常采用一种由动态数据估计稳态数据的方法，即 $N_1=2G'[1+(G'/G'')^2]^{0.7}$。

聚合物分子具有缠绕或环绕的大分子链，具有较高内部摩擦阻力阻碍流动，具有几乎与剪切速率无关的恒定黏度，称为零剪切黏度或本体黏度。本体黏度使聚合物在油层中存在阻力系数和残余阻力系数，是驱替水驱未波及残余油和簇状残余油的主要机理。

在驱油过程中，驱油剂与原油接触，油水界面上形成界面分子膜。界面黏度是界面分子膜的重要性质，反映界面流动和变形阻力，作用是降低驱替速度。界面黏度越高，驱替速度降低幅度越大，其大小取决于成膜分子的排列紧密程度、成膜分子间相互作用大小和成膜分子间是否有结构形成，它对泡沫和乳状液的稳定性、驱油体系的驱油效率存在较大影响。

聚合物溶液的许多重要性质，主要是由聚合物分子的聚集态结构和分子内部的可动性所决定。通过分子聚集体的尺寸测量和扫描电镜观察，直接观察聚合物溶液中聚合物的分子形态，可判断大分子链的大小和形状，而不依赖于假设理论模型。

1.2.3 聚合物/表面活性剂二元复合驱技术

（1）二元复合驱技术

聚合物/表面活性剂二元复合驱技术（简称为聚合物/表面活性剂二元复合驱）是一种可以充分发挥表面活性剂和聚合物的协同作用来提高原油采收率的强化采油方法。很早以前人们就认识到毛管力是造成水驱油藏扫及区滞留大量原油的主要原因，而毛管力又是油水两相界面张力作用的结果，它抵消外部施加的黏滞力，使注入水与聚集的共生水只起到部分驱油作用。毛管力使一部分原油圈闭在低层孔隙之中，通过降低界面张力和提高注入水的黏滞力，可以降低毛管压力，增大毛管数，从而提高采收率。聚合物/表面活性剂二元复合驱是在三元的基础上，去掉碱所形成的低浓度的聚合物/表面活性剂二元复合体系。三元复合驱技术中大量使用碱，碱的使用可引起多价离子沉淀、岩石矿物溶蚀等现象。解决上述问题的根本途径是不使用碱，但不加碱的复合体系必须产生超低界面张力，聚合物/表面活性剂二元复合驱油体系的黏度明显高于同等条件下的三元复合体系，界面张力达到超低，且驱油效率较高。聚合物/表面活性剂二元复合体系作为一种新的驱油方法，可以最大限度地发挥聚合物的黏度和弹性，减少乳化液处理带来的负面影响，减弱由于碱的存在引起的地层以及井筒结垢的现象。由于体系还具有较低的界面张力，因此，在化学剂成本相同的情况下，可以达到与三元体系相同的驱油效果，可能成为一项代替三元复合驱的新技术。

（2）二元复合驱特点

① 属于无碱体系，可以减少多价金属离子沉淀、岩石矿物溶蚀、井筒结垢、采出原油破乳困难等现象。

② 对表面活性剂的要求严格，必须在无碱无盐的条件下使体系达到低（超低）界面张力，以增加体系的洗油效率，因而能够促进一系列新的、效果更好的驱油用表面活性剂的研制、开发和生产。

③ 其黏度和弹性比三元体系高很多，因此其驱油效率和波及体积有可能更大，采收率更高。

④ 既靠流体的弹性，也靠低界面张力提高驱油效率，两种提高驱油效率的机理同时存在，会出现许多新机理和新理论。

⑤ 可使用低分子量的聚合物，不需要加碱，减少了由于碱溶解岩石中的黏土而产生的地层伤害问题，具有更广的油藏适用范围。

⑥ 现场配置设备和工艺比三元体系简单，更适合海上油田应用。

⑦ 化学药剂成本比三元体系低，相应的投资成本降低。

⑧ 相同条件下，聚合物/表面活性剂二元复合体系注入压力比聚合物驱低，有利于矿场实施。

（3）二元复合驱提高采收率原理

聚合物/表面活性剂二元复合驱是在聚合物/表面活性剂/碱三元复合驱基础上去掉碱所形成的低浓度驱油体系，可以最大限度地发挥聚合物溶液的黏弹性，减少乳化液处理带来的负面影响，减弱由于碱引起的地层以及井筒结垢现象。国内外研究结果表明，聚合物/表面活性剂二元复合驱体系提高原油采收率幅度在20%左右，矿场试验取得了较好的增油降水效果。聚合物/表面活性剂二元复合驱体系可以克服三元体系的缺点，具有广阔的发展空间。

P/S二元复合驱体系中主剂包括表面活性剂（S）和聚合物（P）。可以按不同的方式或不同的组分含量组成各种复合驱。二元复合驱兼具表面活性剂驱和聚合物驱之长，并且发挥了各组分之间的协同效应。

1）降低体系界面张力

界面张力直接与表面活性剂在油-水界面的吸附相关，表面活性剂的存在可以降低驱油剂与原油之间的界面张力，从而减小了油滴通过狭窄孔喉的阻力，残余油滴容易被驱动并在油层中聚集并形成油墙，因而提高驱油剂的洗油效率。聚合物对界面张力影响较小。因此，聚合物浓度固定，通过测定界面张力与水相表面活性剂的变化关系，可以获得表面活性剂在原油-水相界面上吸附的详细信息。

2）降低流度比

聚合物能够保证驱油体系具有一定的黏度，进而有效地封堵高渗透层，增加驱油液的流动阻力，降低流度比，提高波及效率。表面活性剂对聚合物溶液的黏度也有一定影响，随表面活性剂浓度的增加，聚合物溶液的黏度增大。同样聚合物的存在增大了体系的视黏度，可以降低表面活性剂的扩散速度，从而降低其在油层中的损耗。

二元复合体系驱油的主要机理为扩大波及体积和提高洗油效率，驱替液的黏度越高，其扩大波及体积的能力越强，驱油效果越好。但当驱替液的黏度高到一定程度后，其提高驱油效果的能力变差，因此，驱替液的黏度必然有一个合理的上限值。流度比可以定义为驱替液的流度与被驱替液（原油）的流度之比，即

$$M_{do} = \lambda_d / \lambda_o \approx \mu_o / \mu_d$$

式中　M_{do}——驱替液的流度与被驱替液（原油）的流度之比；

　　　λ_d——驱替液（聚合物溶液或三元复合体系）的流度；

　　　λ_o——原油的流度；

　　　μ_o——原油的黏度，mPa·s；

　　　μ_d——驱替液（聚合物溶液或三元复合体系）的黏度，mPa·s。

聚合物溶液驱油除了扩大驱替液波及体积外，还有提高驱油效率的作用。二元复合体系驱油是表面活性剂低界面张力驱油以及聚合物流度控制综合作用的结果。

3）改变岩石润湿性

驱油效率与岩石的润湿性密切相关，一般而言，亲油油层的驱油效率低，亲水油层的驱油效率相对较高。表面活性剂由于物理和化学作用而易于吸附在岩石表面上，使岩石的润湿性发生变化。在介质的原始润湿状态下，非润湿相占据大孔隙，润湿相占据小孔隙。如果改变岩石介质的润湿性，非润湿流体将存在于小孔隙内，而润湿流体将存在于大孔隙内。岩石由油润湿变化为水润湿后，孔道中的油滴将形成连续相，通过降低界面张力，使其能够沿孔道流动，从而提高原油采收率。

复合体系中，聚合物和表面活性剂的协同作用大大提高了体系的性能，除了上面介绍的主要机理，复合驱油体系中各组分的协同作用还表现在以下几方面：

① 聚合物可与钙镁离子反应，保护了表面活性剂，使其不易形成低表面活性的钙盐、镁盐；

② 聚合物有助于增强原油与表面活性剂间形成的乳状液的稳定性，进而增强了乳化携带作用的效果；

③ 聚合物大分子链和表面活性剂的非极性部分结合在一起，形成缔合物。

另外，表面活性剂与聚合物间相互作用致使聚合物分子链伸展，增加了驱油体系的黏性。

（4）聚合物/表面活性剂二元复合驱油体系研究现状

聚合物/表面活性剂二元复合驱油体系相对于三元复合体系来说，组合体系中去掉了碱，可以最大限度发挥聚合物的黏弹性同时兼具较低的油水界面张力，在提高波及系数的同时，还能提高洗油效率。

美国能源公司在得克萨斯州郡油田砂层中进行了表面活性剂/聚合物先导试验，试验区为 162 公顷水淹区，油层渗透率为 $0.2 \sim 0.5 \mu m^2$，渗透率变异系数 $0.7 \sim 0.83$，孔隙度 15%。采用单独聚合物驱所增加的石油产量不能抵消其费用，加入表面活性剂后可以获得低界面张力，大大降低了残余油饱和度，采收率增幅为 25%，经济效益十分可观。

2003 年中国石化首个二元复合驱先导项目在孤东油田七区西南试验区实施，该先导试验是在三元复合驱实践的基础上提出的，被列为中国石化 2003 年度油气田开发重大先导试验项目。科研人员吸取了以往三元复合驱试验的经验和教训，开展了表面活性剂构效关系、化学剂间相互作用等机理研究，采用分子模拟技术指导组合浓度设计，在进行数值模拟及注采参数优化的基础上，在孤东油田七区西南试验区投入矿场试验。到目前为止，试验区共有 10 口油井见效，见效井比例为 60%。试验区原油日产量由试验前的 34.5t（最低时的 30t）上升到目前的 101t，产量增加 66.5t。试验区日产液由 1883.5t 上升到 1992.5t，上升了 109.0t。含水率由 98.2%降到 94.9%，下降 3.3%，取得良好的增油降水效果。

虽然二元复合驱获得了较好增油降水效果，目前面临的问题仍然是成本太高，特别是表面活性剂的成本太高，推广应用风险大。因此，二元复合体系中表面活性剂和聚合物浓度在现应用基础上都需要进一步降低。

第**2**章
聚合物溶液构效关系及作用机制

2.1 测试条件

2.1.1 实验材料

聚合物（HTPW-112）由中国石油大港油田采油工艺研究院提供，分子量 2.5×10^7，有效含量 88%。疏水缔合聚合物（AP-P4）由四川光亚科技有限公司生产（简称缔合聚合物），分子量 1.1×10^7，固含量 90%。

实验用水为港西三区注入水和地层水，水质分析见表 2-1。

表 2-1　水质分析

水型＼组成	阳离子/(mg/L)			阴离子/(mg/L)			矿化度/(mg/L)
	Ca^{2+}	Mg^{2+}	$K^{+}+Na^{+}$	HCO_3^{-}	Cl^{-}	SO_4^{2-}	
注入水	35	18	1900	3224	1162	12	6726
地层水	70	36	3800	6448	2324	24	13452

岩心为石英砂环氧树脂胶结人造岩心，包括柱状、长方形均质和非均质等 3 种类型。

传输运移能力实验采用均质岩心（见图 2-1），渗透率 $K_g = 2\mu m^2$。几何尺寸：长×宽×高=30cm×4.5cm×4.5cm。

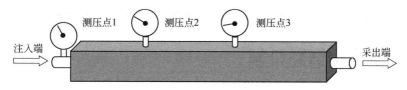

图 2-1　人造岩心及测压点分布

渗流特性实验采用柱状岩心，渗透率 $K_g = 1.8\mu m^2$，几何尺寸：$\phi \times L = 2.5cm \times 10cm$。驱油效率实验采用均质岩心，渗透率 $K_g = 1.8\mu m^2$，几何尺寸：长×宽×高=30cm×4.5cm×4.5cm。驱油效果实验采用非均质岩心，平均渗透率 $K_{平均} = 1.8\mu m^2$，渗透率变异系数 $V_K = 0.72$，几何尺寸：长×宽×高=30cm×4.5cm×4.5cm。

2.1.2 仪器设备

（1）视黏度

采用 DV-Ⅱ型布氏黏度仪测试聚合物溶液的视黏度，分别使用"0"号转子

（0～100mPa·s，转速 6r/min）、"1"号转子（100～200mPa·s，转速 30r/min）和"2"号转子（200～1000mPa·s，转速 30r/min）。

（2）聚合物分子聚集态

采用 Hitachi（日立）S-3400N 扫描电镜（SEM）观测聚合物分子聚集态。

（3）流变性、黏弹性和第一法向应力差

采用 Haake Rheo-Stress6000 型流变仪测试聚合物溶液的流变性和黏弹性，第一法向应力差通过公式 $N_1 = 2G'[1+(G'/G'')^2]^{0.7}$ 进行计算。

（4）聚合物分子聚集体尺寸

采用美国布鲁克海文（Brookhaven Instruments Cop，USA）BI-200SM 型广角动/静态光散射仪系统测试聚合物分子聚集体尺寸 D_h，主要部件包括 BI-9000AT 型激光相关器和信号处理仪，氩离子激光器（200mW，波长 532.0nm），测定时散射角为 90°。测试前，所有样品经 0.8μm 核微孔滤膜过滤，试样瓶用 KQ3200DE 型数控超声波清洗器清洗。测试后，采用 CONTIN 数学模型进行数据处理。

（5）黏均分子量

采用乌氏黏度计测试黏均分子量。

（6）渗流特性

渗流特性实验仪器设备主要包括平流泵、压力传感器、岩心夹持器、手摇泵和中间容器等。除平流泵和手摇泵外，其他部分置于 53℃恒温箱内。

2.2 聚合物增黏机制

2.2.1 聚合物分子聚集体形态

采用注入水配制聚合物母液（AP-P4 和 HTPW-112，c_p=5000mg/L），剪切 20s，将剪切前后样品稀释至 100mg/L、50mg/L 和 10mg/L，分别进行扫描电镜实验（SEM），检测结果见图 2-2 和图 2-3。

从图 2-2 和图 2-3 可知，聚合物类型和剪切作用对聚合物分子聚集态存在影响。HTPW-112 聚合物分子在水溶液中形成空间网络结构，不同分子链间又可相互贯穿，甚至缠绕，导致溶液中形成密度很大的具有不同尺寸孔洞的多层立体网状结构，且存在粗的主干和细分支，这种网络结构既有支撑作用，又可吸附和包裹大量水分子产生形变阻力，显示出良好的增黏能力。随着聚合物浓

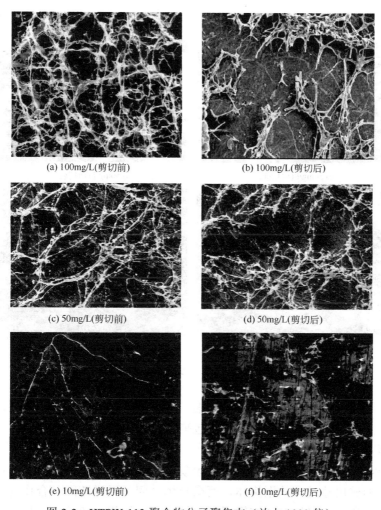

(a) 100mg/L(剪切前)　　　　　　　　(b) 100mg/L(剪切后)

(c) 50mg/L(剪切前)　　　　　　　　(d) 50mg/L(剪切后)

(e) 10mg/L(剪切前)　　　　　　　　(f) 10mg/L(剪切后)

图 2-2　HTPW-112 聚合物分子聚集态（放大 1000 倍）

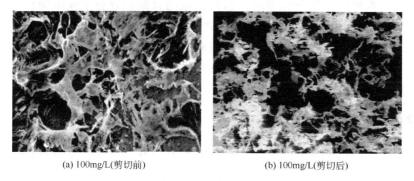

(a) 100mg/L(剪切前)　　　　　　　　(b) 100mg/L(剪切后)

图 2-3

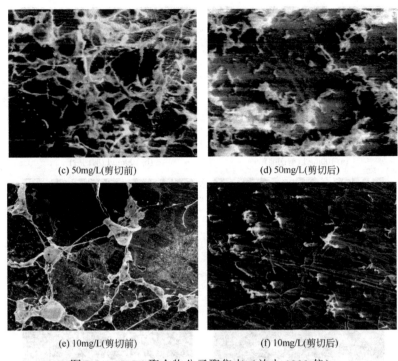

(c) 50mg/L(剪切前)　　　　　　　　(d) 50mg/L(剪切后)

(e) 10mg/L(剪切前)　　　　　　　　(f) 10mg/L(剪切后)

图 2-3　AP-P4 聚合物分子聚集态（放大 1000 倍）

度降低，网状结构变得稀疏，枝干变细。剪切后，其分子链发生断裂，网状结构出现缺陷，网孔变稀疏，这种结构包裹水分子的能力大幅下降，会导致增黏能力大幅降低。

　　AP-P4 疏水缔合聚合物分子链上无规则分布的疏水基团通过链内或链间缔合作用，形成尺寸较大的聚集体，而聚集体之间又通过链间缔合作用连接在一起，形成了致密的多层立体空间网络结构，支链较粗。随着聚合物浓度降低，网状结构变得稀疏，聚集体变小。虽然疏水缔合聚合物分子间的缔合作用是可逆的，但在剪切作用下，其疏水基团很难再相互缔合形成大范围致密网状结构，只能在局部范围内发生缔合作用，形成较为短小网络状结构，从致密的多层立体空间网络结构转变为碎片状结构，网络结构遭到破坏，导致包裹水分子能力减弱，黏度大幅度降低。

2.2.2　聚合物视黏度

　　采用注入水配制聚合物母液（AP-P4 和 HTPW-112，c_p =5000mg/L），然后稀释成 1750mg/L 和 3400mg/L 目的液，视黏度测试结果见表 2-2。

表 2-2　视黏度测试结果

聚合物	聚合物浓度/(mg/L)	视黏度/(mPa·s)
AP-P4	1750	352.9
	3400	1703.9
HTPW-112	1750	78.0
	3400	349.9

从表 2-2 可知，聚合物类型即聚合物分子聚集态对聚合物溶液黏度存在影响，较低浓度 AP-P4 聚合物溶液与较高浓度 HTPW-112 聚合物溶液黏度相近。原因分析认为，在 HTPW-112 聚合物溶液中，聚合物浓度越大，单位体积溶液中分子个数越多，分子链间的范德华作用力不断增加，同时氢键的数量也在增多，溶液中分子链间作用力越大，分子链间的作用增加使得缠结网状结构越来越强。在 AP-P4 聚合物溶液中，除了聚合物分子链段间的穿透和缠结对网络结构的形成起作用外，聚合物链上的疏水基团通过疏水力发生缔合而使聚合物聚集在一起，这是形成缔合网状结构的最主要的力，比范德华力和氢键的键能大，疏水缔合聚合物在溶液中形成的网络结构比依赖于范德华力甚至氢键而形成的网络结构都强，增黏能力比 HTPW-112 聚合物更强。

2.2.3　聚合物的流变性和黏弹性

采用注入水配制聚合物母液（AP-P4 和 HTPW-112，c_p=5000mg/L），然后稀释成 1750mg/L 和 3400mg/L 目的液，其视黏度与剪切速率的关系测试结果见图 2-4。

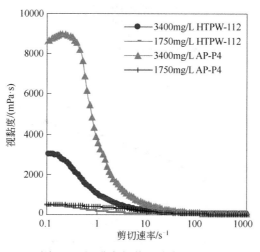

图 2-4　视黏度与剪切速率的关系

从图 2-4 可知，聚合物类型即聚合物分子聚集态对聚合物溶液流变性存在影响。

两种聚合物溶液等黏度条件下，当剪切速率较低时，HTPW-112 聚合物溶液的视黏度远高于 AP-P4 疏水缔合聚合物溶液，但随剪切速率增大，二者的视黏度趋于相近。这是由于缔合作用的缔合能均低于共价键能，属于分子间力的范畴，它容易被拆开而呈现一种拆散与缔合作用同时存在的可逆状态，而剪切应力就能拆散这种缔合作用，随剪切应力的增加，单个分子链间和聚集体间的缔合被拆散的速度越来越强于溶液中交联网络重新形成的速度，溶液的视黏度缓慢降低。而 HTPW-112 溶液浓度较高，分子间距离很小，聚合物分子链缠结非常严重，另外其分子量比较大，水动力学体积较大，聚合物溶液流动时的内摩擦很大，所以剪切速率较低时，HTPW-112 溶液表现出较高的视黏度。

两种聚合物溶液等浓度条件下，当剪切速率较低时，AP-P4 疏水缔合聚合物溶液的视黏度高于 HTPW-112 聚合物溶液。

采用注入水配制 AP-P4 和 HTPW-112 聚合物母液（c_p=5000mg/L），然后稀释成目的液（1750mg/L 和 3400mg/L），其储能模量 G'，损耗模量 G'' 和第一法向应力差 N_1 与振荡频率的关系（即黏弹性）测试结果见图 2-5～图 2-7。

从图 2-5～图 2-7 可知，聚合物类型对聚合物溶液的储能模量（G'）、损耗模量（G''）和第一法向应力差（N_1）存在影响。在振荡频率相同条件下，HTPW-112 聚合物溶液的储能模量、损耗模量和第一法向应力差较大，表现出较高的黏弹

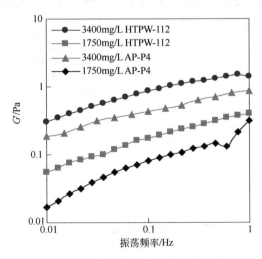

图 2-5　储能模量与振荡频率的关系

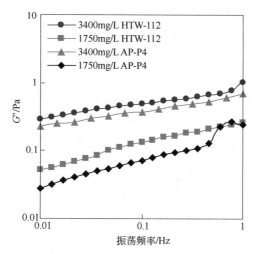

图 2-6　损耗模量与振荡频率的关系

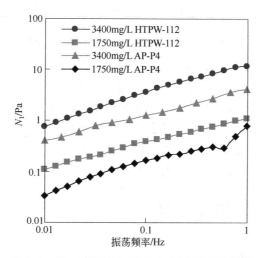

图 2-7　第一法向应力差 N_1 与振荡频率的关系

性。这是由于在聚合物溶液中，聚合物溶液的黏弹性主要是由于分子链间作用力产生的，除分子链的结构特点外，分子链间作用力的大小是影响聚合物溶液黏弹性的最根本原因。HTPW-112 聚合物溶液较 AP-P4 疏水缔合聚合物溶液有更强的范德华力和氢键键能，所以具有较强黏弹性。

2.2.4　聚合物的抗剪切性

采用注入水配制聚合物母液（AP-P4 和 HTPW-112，c_p=5000mg/L），然后

稀释成 1750mg/L 和 3400mg/L 目的液，使用 warning 搅拌器在 7～8 档下进行剪切，剪切时间分别为 5s、10s、15s、20s、25s 和 30s，其视黏度与剪切强度关系测试结果见表 2-3。

表 2-3　视黏度测试结果

聚合物	浓度/(mg/L)	参数	不同剪切强度（即剪切时间）下的视黏度和黏度损失率						
			未剪切	5s	10s	15s	20s	25s	30s
AP-P4	1750	黏度/(mPa·s)	349.9	290.9	188.9	85.4	55.4	45.4	40.7
		黏度损失率/%	—	16.9	46.0	75.6	84.2	87.0	88.4
	3400	黏度/(mPa·s)	1703.9	1648.2	1440.8	920.0	721.0	676.6	620.0
		黏度损失率/%	—	3.3	15.4	46.0	57.7	60.3	63.6
HTPW-112	1750	黏度/(mPa·s)	78.0	66.8	58.0	49.6	43.2	39.8	38.6
		黏度损失率/%		14.4	25.6	36.4	44.6	49.0	50.5
	3400	黏度/(mPa·s)	352.9	310.9	287.9	277.9	265.9	254.9	248.9
		黏度损失率/%	—	11.9	18.4	21.3	24.7	27.8	29.5

从表 2-3 可知，聚合物类型即聚合物分子聚集态对聚合物溶液抗剪切性存在影响。两种聚合物溶液的黏度都随剪切强度的增大而减小，HTPW-112 聚合物溶液黏度下降速度远小于 AP-P4 疏水缔合聚合物溶液。其原因在于，AP-P4 聚合物溶液主要是靠聚合物分子链上疏水基团之间的缔合作用形成超分子聚集体和网络结构来增黏的，剪切作用使其分子聚集体和网络结构遭到严重破坏，而高浓度的 HTPW-112 聚合物溶液中分子链段很密集，易保留较高黏度，表明 HTPW-112 聚合物溶液具有良好的抗剪切性。

2.3　聚合物的渗流特性

2.3.1　传输运移能力

在 2 种聚合物溶液视黏度相同条件下，注入过程中各测压点压力测试结果见表 2-4。

表 2-4　压力测试结果

聚合物	浓度/(mg/L)	黏度/(mPa·s)	最高注入压力/MPa			后续水压力/MPa		
			测压点 1	测压点 2	测压点 3	测压点 1	测压点 2	测压点 3
AP-P4	1750	349.9	0.195	0.014	0.007	0.070	0.009	0.004
HTPW-112	3400	352.9	0.160	0.090	0.050	0.081	0.055	0.025

实验过程中各测压点压力与 PV 数的关系见图 2-8 和图 2-9。

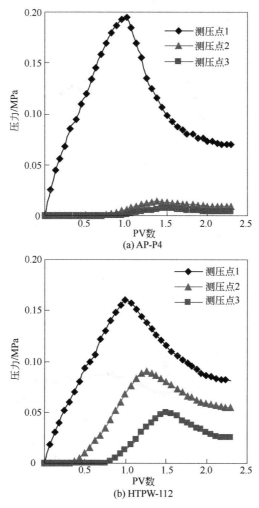

(a) AP-P4

(b) HTPW-112

图 2-8　使用不同的聚合物所测注入压力与 PV 数的关系

从表 2-4 可以看出，聚合物类型即聚合物分子聚集态对其在多孔介质内传输运移能力存在影响。在聚合物视黏度相同条件下，与 HTPW-112 聚合物相比，AP-P4 疏水缔合聚合物溶液的入口（测压点 1）端注入压力较高 [图 2-8（a）]，而中部（测压点 2 和测压点 3）压力却较低 [图 2-9（b）和（c）]，表明 AP-P4 疏水缔合聚合物溶液深入岩心内部距离短，主要滞留在岩心端面及其附近区域，表现出较差的传输运移能力 [图 2-8（a）]。

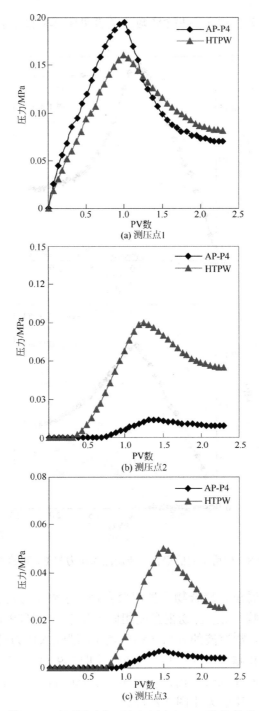

图 2-9　不同测压点下注入压力与 PV 数的关系

2.3.2 渗流特性

在聚合物溶液等视黏度和等浓度条件下，聚合物类型对聚合物溶液渗流特性（阻力系数和残余阻力系数）影响的实验结果见表2-5。

表 2-5　实验数据

聚合物	渗透率 $K_g/\mu m^2$	聚合物浓度 /(mg/L)	工作黏度 /(mPa·s)	阻力系数 （F_R）	残余阻力系数 （F_{RR}）
AP-P4		1750	352.9	375.0	75.0
HTPW-112	1.8	1750	78.0	16.7	7.9
		3400	350.9	250.0	116.7

从表 2-5 中可以看出，聚合物类型即聚合物分子聚集态对聚合物溶液阻力系数和残余阻力系数存在影响。在聚合物溶液视黏度相同条件下，与 HTPW-112 聚合物相比较，AP-P4 疏水缔合聚合物溶液阻力系数较大，但残余阻力系数较小。在聚合物溶液浓度相同条件下，与 HTPW-112 聚合物相比较，AP-P4 疏水缔合聚合物溶液阻力系数和残余阻力系数较大。

实验过程中注入压力与 PV 数的关系见图 2-10。可以看出，随聚合物溶液注入 PV 数增加，聚合物在多孔介质中滞留量增大，孔隙过流断面减小，流动阻力增大，注入压力升高。在后续水驱过程中，随注入 PV 数增加，聚合物滞留减少，孔隙过流断面增大，流动阻力减小，注入压力降低。进一步分析发现，与 HTPW-112 聚合物相比，AP-P4 疏水缔合聚合物溶液注入压力增幅较大，且

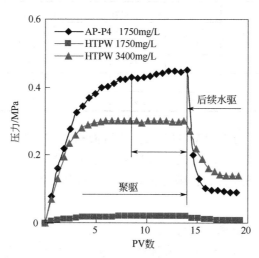

图 2-10　注入压力与 PV 数的关系

注入体积超过 5PV 压力仍未稳定，说明其分子聚集体与岩石孔隙配伍性较差。

2.3.3 采出液性质

（1）视黏度

聚合物溶液原始样和采出液视黏度测试结果见表 2-6。

表 2-6 视黏度测试结果

聚合物	聚合物浓度/(mg/L)	视黏度/(mPa·s)		黏度损失率/%
		原始样	采出液	
AP-P4	1750	352.9	143.8	59.3
HTPW-112	1750	78.0	54.7	29.9
	3400	350.9	229.9	34.5

从表 2-6 可知，聚合物类型即聚合物分子聚集态对采出液视黏度存在较大影响。与 HTPW-112 聚合物相比较，AP-P4 疏水缔合聚合物溶液黏度损失率较大，表明 AP-P4 疏水缔合聚合物溶液中聚合物分子聚集态与岩心孔隙结构适应性较差，孔隙剪切作用使其受到的破坏程度大于 HTPW-112 聚合物。

（2）黏均分子量

聚合物溶液原始样和采出液的特性黏度和黏均分子量测试结果见表 2-7。

表 2-7 黏均分子量测试结果

聚合物	聚合物浓度/(mg/L)	特性黏度 $[\eta]$			黏均分子量 M_η		
		注入液/(L/g)	采出液/(L/g)	损失率/%	注入液/10^4	采出液/10^4	损失率/%
AP-P4	1750	1.74	1.46	16.1	1183	358	69.7
HTPW-112	1750	2.91	2.33	19.9	2585	1840	28.8
	3400	2.89	1.93	33.0	2556	1385	45.8

从表 2-7 可知，与 HTPW-112 聚合物溶液相比较，AP-P4 疏水缔合聚合物黏均分子量损失率较大。由此表明 AP-P4 疏水缔合聚合物分子聚集态与岩心孔隙配伍性较差，它通过岩心孔隙时更容易发生破坏，导致分子链断裂，分子聚集体尺寸减小。

（3）聚合物分子聚集体尺寸 D_h

将聚合物溶液原始样和采出液稀释 20 倍，测试分子聚集体尺寸，测试结果见表 2-8 和图 2-11。

表 2-8　分子聚集体尺寸测试结果

聚合物	聚合物浓度/(mg/L)	聚合物分子聚集体尺寸 D_h/nm		损失率/%
		原始样	采出液	
AP-P4	1750	876.1	446.1	49.1
HTPW-112	1750	269.8	226.3	16.1
	3400	246.7	198.6	19.5

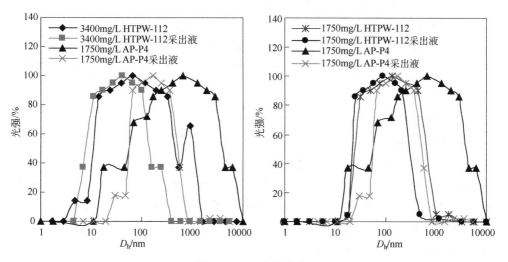

图 2-11　D_h 光强分布

从表 2-8 和图 2-11 可知，与 HTPW-112 聚合物相比较，AP-P4 疏水缔合聚合物通过岩心后采出液中聚合物分子聚集体尺寸损失率较大，光强分布变窄。由此可见，由于 AP-P4 疏水缔合聚合物溶液中聚合物分子聚集体尺寸 D_h 较大，与岩心孔隙适应性较差，在外力作用下进入孔道后其分子聚集态结构易遭到破坏。

2.4　聚合物类型及驱油效率和驱油效果

2.4.1　驱油效率

（1）采收率

等视黏度和等浓度条件下，2 种聚合物溶液驱油效率（采收率）实验结果见表 2-9。

表 2-9   采收率实验数据

聚合物	渗透率 K_g /μm^2	聚合物浓度 /(mg/L)	工作黏度 /(mPa·s)	含油饱和度 /%	采收率/%		采收率增幅 /%
					水驱	化学驱	
AP-P4	1.8	1750	352.9	74.3	38.1	47.1	9.0
HTPW-112		1750	78.0	74.7	38.4	52.2	13.8
		3400	350.9	74.6	38.3	54.3	16.0

从表 2-9 可以看出,聚合物类型即聚合物分子聚集态对聚合物驱油效率(采收率)存在影响。与 AP-P4 疏水缔合聚合物相比较,无论是在等黏度还是等浓度条件下,HTPW-112 聚合物驱油效率都较高。由此可见,HTPW-112 聚合物溶液中聚合物分子聚集体与岩心孔隙结构适应性强,扩大微观波及体积效果好,采收率增幅较大。

（2）动态特征

实验过程中注入压力、含水率和采收率与 PV 数的关系见图 2-12～图 2-14。可以看出,与 HTPW-112 聚合物相比较,尽管 AP-P4 疏水缔合聚合物溶液注入压力较高,但含水率降幅较小,采收率增幅较低。由此可见,AP-P4 疏水缔合聚合物溶液中聚合物分子聚集体与岩心孔隙结构适应性较差,聚合物在岩心端面滞留,压力损失主要集中在端面附近区域,岩心内部未能建立起有效的压力梯度,扩大波及体积效果较差。

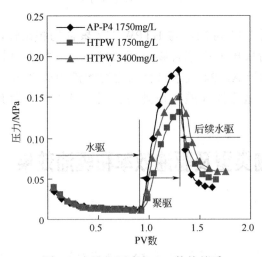

图 2-12   注入压力与 PV 数的关系

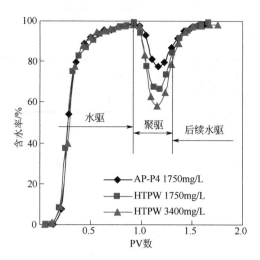

图 2-13 含水率与 PV 数的关系

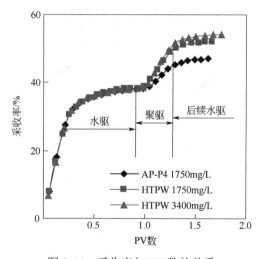

图 2-14 采收率与 PV 数的关系

2.4.2 驱油效果

（1）采收率

在聚合物溶液等视黏度和等浓度条件下，2 种类型聚合物驱采收率实验结果见表 2-10。可以看出，与 AP-P4 疏水缔合聚合物相比较，HTPW-112 聚合物驱采收率增幅高于 AP-P4 疏水缔合聚合物。

表 2-10 采收率实验数据

聚合物	渗透率 K_g /μm^2	聚合物浓度 /(mg/L)	工作黏度 /(mPa·s)	含油饱和度 /%	采收率/%		采收率增幅 /%
					水驱	化学驱	
AP-P4		1750	351.3	73.0	26.9	41.2	14.3
HTPW-112	0.2/0.8/4.4	1750	78.0	72.7	26.8	45.6	18.8
		3400	352.1	73.1	26.8	49.5	22.7

（2）动态特征

实验过程中注入压力、含水率和采收率与 PV 数的关系见图 2-15～图 2-17。

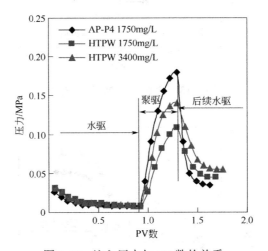

图 2-15　注入压力与 PV 数的关系

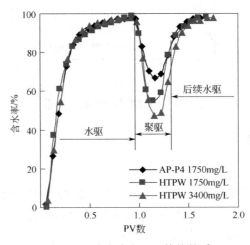

图 2-16　含水率与 PV 数的关系

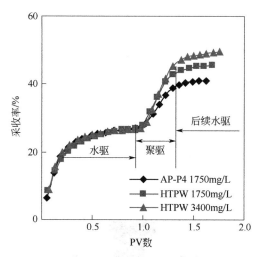

图 2-17　采收率与 PV 数的关系

可以看出，与 HTPW-112 聚合物溶液相比较，尽管 AP-P4 疏水缔合聚合物注入压力较高，但含水率降幅较小，采收率增幅较低。

2.5 小结

① 在聚合物溶液视黏度相同的条件下，与 AP-P4 疏水缔合聚合物相比较，HTPW-112 聚合物溶液的黏弹性和抗剪切能力更强。在聚合物浓度相同条件下，AP-P4 疏水缔合聚合物溶液的视黏度更大，HTPW-112 聚合物溶液的黏弹性更强。

② 在视黏度相同条件下，与 AP-P4 疏水缔合聚合物相比较，HTPW-112 聚合物溶液中聚合物分子聚集体与岩石孔隙的适应性好，传输运移能力强，扩大波及效果好，采收率增幅大。

③ 聚合物的增黏能力与聚合物分子聚集态密切相关，而聚合物溶液和储层孔隙适应性又与聚合物分子聚集态相关。通过增加聚合物浓度和改变聚合物分子聚集态结构都可以实现增黏的目的，但后者存在导致聚合物溶液与储层孔隙适应性变差的技术风险。

第 **3** 章
聚合物溶液油藏适应性评价方法

3.1 测试条件

3.1.1 实验原理

阻力系数和残余阻力系数是描述化学剂在多孔介质内滞留量大小的技术指标，通常用符号 F_R 和 F_{RR} 来表示，其定义为：

$$F_R = \frac{\delta P_2}{\delta P_1}, \; F_{RR} = \frac{\delta P_3}{\delta P_1}$$

式中　δP_1——岩心水驱压差；

　　　δP_2——化学驱压差；

　　　δP_3——后续水驱压差。

上述注入过程必须保持注液速度相同，液体注入量应当达到4PV～5PV。

通过考察驱油剂在岩心中的流动特性即注入压力与注入孔隙体积倍数（PV）间关系（即注入压力上升趋势），据此评判驱油剂与岩心匹配关系，再利用目标油藏储层渗透率纵向分布和聚合物溶液渗透率极限确定其油藏适应性。

3.1.2 实验材料

聚合物包括：①大港油田采油工艺院提供部分水解聚丙烯酰胺（HTPW-112），分子量 $2.5×10^7$，固含量88%。②大庆炼化公司生产"中分"、"高分"和"抗盐"部分水解聚丙烯酰胺，分子量分别为 $1.4×10^7$、$1.9×10^7$ 和 $3.5×10^7$，固含量 88%。表面活性剂为大港油田采油工艺院提供表面活性剂 DWS，有效含量 40%。

实验用水包括大港油田港西三区注入水、地层水和混合水，混合水由注入水与地层水按1∶1比例混合而成。

实验岩心为人造柱状岩心，几何尺寸 $\phi×L=2.5cm×10cm$。岩心气测渗透率 $0.04μm^2$、$0.05μm^2$、$0.06μm^2$、$0.07μm^2$、$0.08μm^2$、$0.09μm^2$、$0.10μm^2$、$0.11μm^2$、$0.12μm^2$、$0.13μm^2$、$0.14μm^2$、$0.15μm^2$、$0.16μm^2$、$0.20μm^2$、$0.25μm^2$ 和 $0.30μm^2$。

3.1.3 仪器设备

流动特性测试仪器设备主要包括平流泵、压力传感器、岩心夹持器、手摇泵和中间容器等。除平流泵和手摇泵外，其他部分置于温度为53℃恒温箱内。

实验步骤：

① 岩心抽空饱和地层水，注模拟水，记录压力；
② 注驱油剂 4PV～5PV，记录压力；
③ 注后续水 4PV～5PV，记录压力。
实验过程注入速率为 0.3mL/min，压力记录间隔为 30min。

3.2 驱油剂渗透率极限及油藏适应性

3.2.1 聚合物溶液渗透率极限

（1）阻力系数和残余阻力系数

聚合物溶液阻力系数（F_R）和残余阻力系数（F_{RR}）测试结果见表 3-1。

表 3-1 阻力系数和残余阻力系数（注入水）

聚合物分子量	浓度/(mg/L)	工作黏度/(mPa·s)	渗透率/μm²	阻力系数（F_R）	残余阻力系数（F_{RR}）
$1.4×10^7$	800	5.0	0.04	11.7	6.7
			0.10	8.3	5.4
			0.15	3.6	2.5
	1200	10.0	0.05	15.8	7.9
			0.10	11.3	6.6
			0.15	6.8	4.3
	1600	16.7	0.06	21.8	10.3
			0.10	14.6	9.6
			0.15	9.3	6.4
	2000	29.2	0.07	27.6	13.2
			0.10	17.5	12.1
			0.15	12.9	8.6
$1.9×10^7$	800	7.4	0.06	16.7	8.7
			0.12	11.1	6.1
			0.20	5.5	3.6
	1200	14.9	0.07	19.1	11.8
			0.12	17.2	9.4
			0.20	8.2	5.5
	1600	30.9	0.08	26.3	15.6
			0.12	21.1	14.4
			0.20	16.8	10.9

聚合物分子量	浓度/(mg/L)	工作黏度/(mPa·s)	渗透率/μm²	阻力系数（F_R）	残余阻力系数（F_{RR}）
$1.9×10^7$	2000	56.9	0.09	53.3	25.2
			0.12	27.8	19.4
			0.20	21.4	15.0
$2.5×10^7$	800	9.7	0.08	20.9	10.9
			0.14	15.3	8.0
			0.25	10.0	6.3
	1200	20.3	0.09	31.5	15.9
			0.14	24.7	12.0
			0.25	16.3	9.4
	1600	47.3	0.10	44.6	22.9
			0.14	30.0	17.3
			0.25	22.5	15.0
	2000	76.5	0.11	71.4	33.3
			0.14	43..3	24.7
			0.25	31.3	22.5
$3.5×10^7$	800	11.6	0.10	33.3	20.8
			0.16	25.4	16.9
			0.30	11.7	6.7
	1200	29.2	0.11	42.4	25.2
			0.16	32.3	21.5
			0.30	16.7	10.0
	1600	56.3	0.12	50.0	27.8
			0.16	36.9	24.6
			0.30	25.0	15.0
	2000	117.0	0.13	74.1	38.3
			0.16	51.5	34.6
			0.30	38.3	20.0

从表 3-1 可以看出，在渗透率一定的条件下，随聚合物分子量增加，阻力系数和残余阻力系数增大。随聚合物浓度增加，阻力系数和残余阻力系数增大。另外，岩心渗透率对聚合物溶液阻力系数和残余阻力系数存在影响。在

聚合物分子量和浓度相同条件下，随岩心渗透率降低，阻力系数和残余阻力系数增大。

由此可见，当油藏储层渗透率较低时，应选用分子量较低和浓度适宜的聚合物溶液，以免造成聚合物溶液在岩心内运移困难。

（2）动态特征

4种聚合物溶液注入压力与注入孔隙体积（PV）倍数关系见图3-1～图3-4。

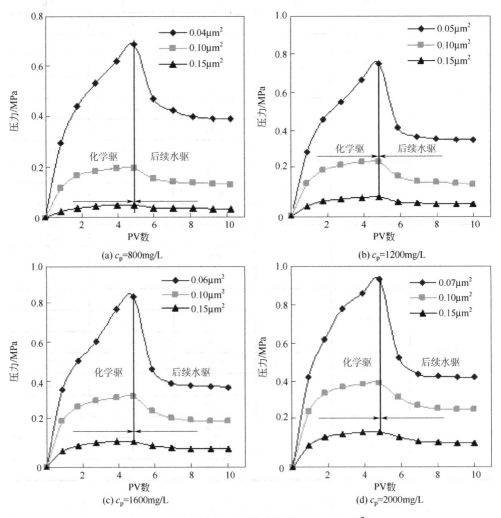

图3-1　注入压力与PV数的关系（$M=1.4\times10^7$）

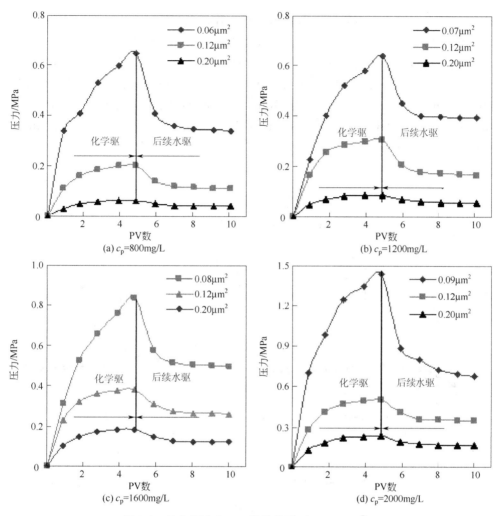

图 3-2　注入压力与 PV 数的关系（$M=1.9×10^7$）

从图 3-1～图 3-4 可以看出，在聚合物浓度相同的条件下，注入过程中压力升幅受岩心渗透率和聚合物分子量的影响。当聚合物分子量一定时，随岩心渗透率降低，注入压力升高。从注入压力升高趋势来看，在渗透率较高的情况下，随 PV 数增加，4 种聚合物溶液的注入压力升幅逐渐减小并趋于稳定。在渗透率较低情况下，注入压力持续升高，表明聚合物在多孔介质内运移困难，即发生了堵塞。进一步分析发现，在聚合物分子量和岩心渗透率一定的条件下，聚合物溶液浓度越高，注入压力增幅越大。对于非均质油藏，在进行聚合物分子量选择时，除考虑高渗透层液流转向作用外，还应当兼顾在中低渗透层内的传输运移能力，最大限度发挥聚合物流度控制作用效果。

综上所述，对于分子量 1.4×10^{7}、1.9×10^{7}、2.5×10^{7} 和 3.5×10^{7} 聚合物，聚合物浓度 800mg/L 时聚合物溶液在岩心内不发生堵塞的最低渗透率即渗透率极限为 $0.06\mu m^{2}$、$0.08\mu m^{2}$、$0.1\mu m^{2}$ 和 $0.12\mu m^{2}$。类似地，1200mg/L 时的渗透率极限为 $0.07\mu m^{2}$、$0.09\mu m^{2}$、$0.11\mu m^{2}$ 和 $0.13\mu m^{2}$，1600mg/L 时的渗透率极限为 $0.08\mu m^{2}$、$0.10\mu m^{2}$、$0.12\mu m^{2}$ 和 $0.14\mu m^{2}$，2000mg/L 时的渗透率极限为 $0.09\mu m^{2}$、$0.11\mu m^{2}$、$0.13\mu m^{2}$ 和 $0.15\mu m^{2}$。

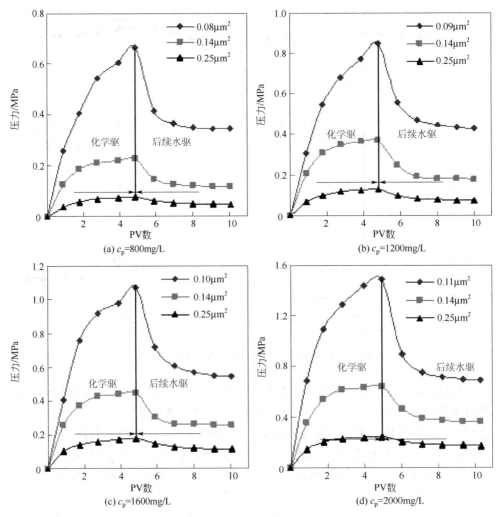

图 3-3　注入压力与 PV 数的关系（$M=2.5\times10^{7}$）

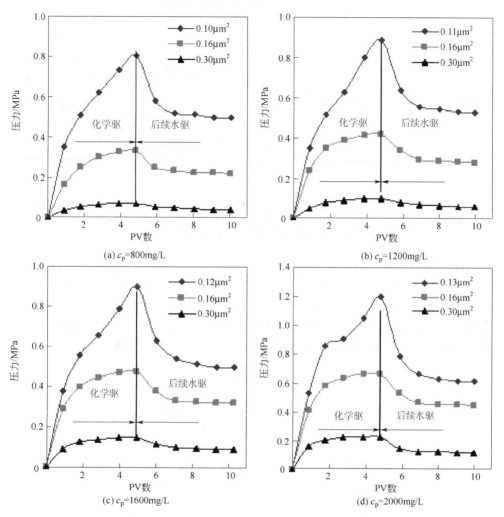

图 3-4　注入压力与 PV 数的关系（$M=3.5 \times 10^7$）

3.2.2　聚合物/表面活性剂二元体系渗透率极限

（1）阻力系数和残余阻力系数

驱油剂阻力系数（F_R）和残余阻力系数（F_{RR}）测试结果见表 3-2。可以看出，表面活性剂对聚合物溶液的流动性质即阻力系数和残余阻力系数存在影响。在渗透率相同条件下，与聚合物溶液相比，二元体系的阻力系数和残余阻力系数较大。

表 3-2　阻力系数和残余阻力系数

驱油剂	工作黏度/(mPa·s)	渗透率/μm^2	阻力系数（F_R）	残余阻力系数（F_{RR}）
聚合物溶液	20.3	0.09	31.5	15.9
		0.14	24.7	12.0
		0.25	16.3	9.4
二元体系	19.1	0.11	41.9	21.4
		0.14	27.3	13.3
		0.25	18.8	11.3

注：注入水，聚合物溶液 c_p=1200mg/L；二元体系，c_p=1200mg/L，c_s=2000mg/L。

另外，岩心渗透率对聚合物溶液和二元体系的阻力系数和残余阻力系数存在影响。随岩心渗透率降低，阻力系数和残余阻力系数增加。

（2）动态特征

在岩心渗透率不同的条件下，二元体系注入压力与注入孔隙体积（PV）倍数的关系见图 3-5。可以看出，岩心渗透率对二元体系注入压力存在影响。随岩心渗透率降低，注入压力升高。当渗透率为 $0.11\mu m^2$ 时，随 PV 数增加，注入压力持续升高，表明聚合物在岩心内运移困难，发生了堵塞。

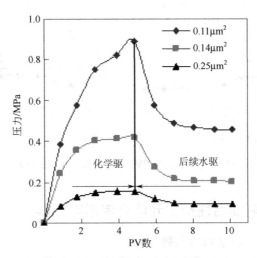

图 3-5　注入压力与 PV 数的关系

综上所述，二元体系在岩心不发生堵塞的最低渗透率（即渗透率极限）比相同浓度聚合物溶液的高，约为 $0.13\mu m^2$。

聚合物溶液和二元体系的注入压力与PV数的关系对比见图3-6。可以看出，在岩心渗透率相同的条件下，聚合物溶液的注入压力要比二元体系的低。

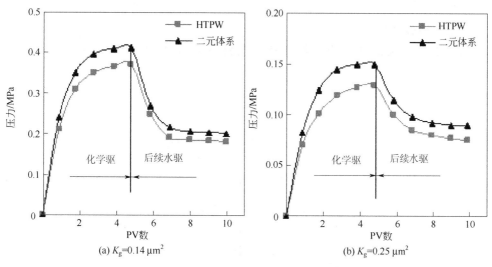

图 3-6　注入压力与 PV 数的关系

3.2.3　溶剂水矿化度对二元体系渗透率极限的影响

（1）阻力系数和残余阻力系数

溶剂水矿化度对二元体系阻力系数（F_R）和残余阻力系数（F_{RR}）影响实验数据见表3-3。

表 3-3　阻力系数和残余阻力系数

水型	工作黏度/(mPa·s)	渗透率/μm²	阻力系数（F_R）	残余阻力系数（F_{RR}）
注入水	19.1	0.11	41.9	21.4
		0.14	27.3	13.3
		0.25	18.8	11.3
混合水	17.4	0.11	36.7	20.0
		0.14	25.3	12.3
		0.25	16.9	10.0
地层水	14.4	0.11	34.8	18.6
		0.14	23.3	11.3
		0.25	15.0	8.8

注：二元体系 c_p=1200mg/L，c_s=2000mg/L。

可以看出，在岩心渗透率相同条件下，随溶剂水矿化度增加，阻力系数和残余阻力系数减小。在溶剂水型相同条件下，随岩心渗透率减小，阻力系数和残余阻力系数增加。

（2）动态特征

在水型一定的条件下，注入压力与注入孔隙体积（PV）倍数的关系见图 3-7。

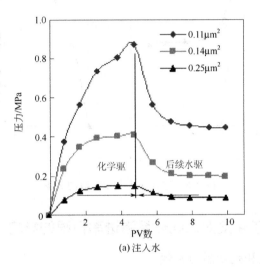

(a) 注入水

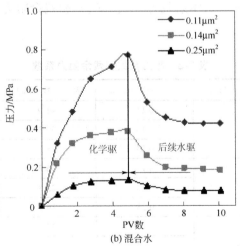

(b) 混合水

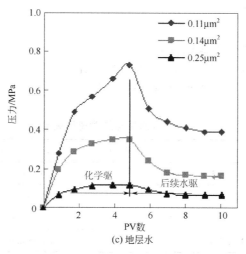

图 3-7　注入压力与 PV 数的关系

可以看出，随岩心渗透率减小，注入压力增加；在岩心渗透率相同的条件下，随溶剂水矿化度增加，注入压力增加，其中注入水配制聚合物溶液的注入压力较高，其次为混合水，再次为地层水。

3.3　聚合物分子线团尺寸与岩石孔隙尺寸的匹配关系

3.3.1　目标油藏典型井储层渗透率纵向分布

（1）驱油剂与油藏储层适应性确定原则

在聚合物驱过程中，从增加聚合物在高渗透层内滞留水平和增加流动阻力角度来看，聚合物分子线团尺寸（即分子量）应当大些。但从扩大波及体积（即更多聚合物分子线团进入中低渗透层）角度来看，聚合物分子量应当小些。为兼顾两方面效果，通常把聚合物能够通过 70% 以上油层厚度作为聚合物分子量的选择标准。

聚合物分子量选择步骤：

① 收集和统计目标油藏取芯或测井资料，确定单井各小层渗透率及相应油层厚度；

② 统计油藏油层总厚度和各小层厚度，计算小层厚度百分数；

③ 确定单井小层厚度百分数累积为 70% 时对应的渗透率值，并对各井渗透率值进行平均，获取平均渗透率值；

④ 依据平均渗透率值和岩心流动实验结果，确定目标油藏所需聚合物的

分子量。

（2）油层渗透率与厚度统计关系

目标油田油层单井及平均渗透率与厚度统计关系见表 3-4。可以看出，各小层厚度百分数累计达到 70% 时对应小层最低渗透率为 $0.148\mu m^2$。

表 3-4　渗透率与厚度统计关系

序号	井号	各小层厚度百分数累计达到70%时对应渗透率值
1	西 7-8-5	$0.143\mu m^2$
2	西 7-7-1	$0.148\mu m^2$
3	西 6-7-5	$0.133\mu m^2$
4	西 12-7-1	$0.158\mu m^2$
5	西 9-9-6	$0.158\mu m^2$
6	平均统计	$0.148\mu m^2$

3.3.2　聚合物溶液与目标油藏适应性

在聚合物浓度一定的条件下，4 种聚合物溶液的渗透率极限（可以通过的最低渗透率）与分子量关系见图 3-8。图中曲线将坐标平面图划分为上部配伍区，下部堵塞区。

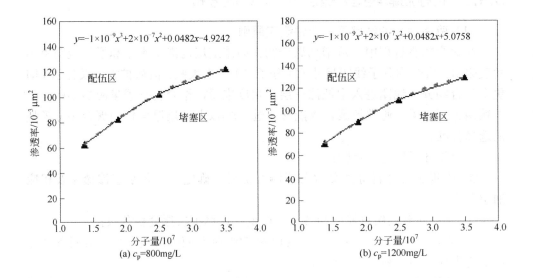

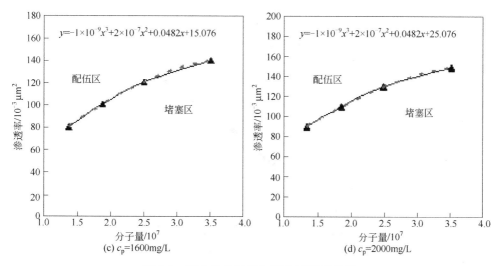

图 3-8　聚合物分子量与岩心渗透率关系

将曲线进行拟合，可以得到浓度分别为 800mg/L、1200mg/L、1600mg/L 和 2000mg/L 时聚合物分子量与岩心渗透率极限关系方程，利用该方程就可以确定与目标油层相适应的聚合物分子量。大港油田港西油藏储层各小层厚度百分数累计达到 70% 时对应最低渗透率为 $0.148\mu m^2$，与其相匹配的聚合物分子量为 2.5×10^7 左右。

3.3.3　聚合物分子线团尺寸（D_h）与岩心孔隙半径中值关系

（1）聚合物分子量与分子线团尺寸（D_h）的关系

4 种聚合物分子线团尺寸（D_h）与分子量的关系及其对应方程见图 3-9。

可以看出，随分子量的增加，聚合物分子线团尺寸（D_h）增大。聚合物分子线团尺寸（D_h）与聚合物分子量的关系：

$$y = -2 \times 10^{-8} x^3 + 1 \times 10^{-4} x^2 - 0.2702x + 359.2$$

（2）聚合物分子线团尺寸（D_h）与岩石孔道半径中值的关系

目标油藏岩石渗透率与孔隙半径中值统计关系曲线和拟合方程见图 3-10。

将图 3-8 与图 3-10 相结合，整理就可以得到聚合物分子线团尺寸（D_h）与岩心孔隙（道）半径中值之间的关系，见图 3-11。

从图 3-11 可以看出，聚合物分子线团尺寸（D_h）与岩心孔隙半径中值间为非线性关系，拟合曲线下部区域为"配伍区"，上部为"堵塞区"。

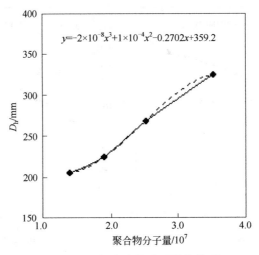

图 3-9 D_h 与聚合物分子量的关系

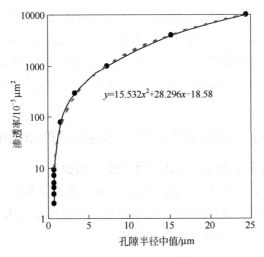

图 3-10 渗透率与孔隙半径中值的关系

当聚合物浓度分别为 800mg/L、1200mg/L、1600mg/L 和 2000mg/L 时，聚合物分子量与"孔隙半径中值/分子线团尺寸（D_h）"关系见表 3-5。

从表 3-5 可以看出，"孔隙半径中值/分子线团尺寸 D_h"与聚合物分子量关系为非线性关系，当聚合物分子量较大（大于 $2×10^7$）或较小（小于 $2×10^7$）时，"孔隙半径中值/分子线团尺寸 D_h"比值都较小。

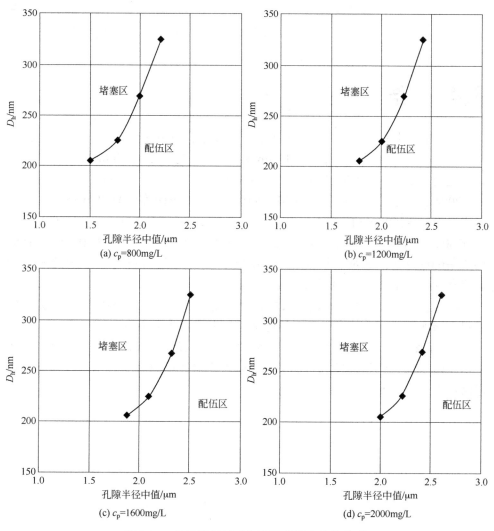

图 3-11 分子线团尺寸与孔隙半径中值的关系

表 3-5 "孔隙半径中值/D_h"与聚合物分子量关系

序号	聚合物分子量	孔隙半径中值/分子线团尺寸			
		c_p=800mg/L	c_p=1200mg/L	c_p=1600mg/L	c_p=2000mg/L
1	$1.4×10^7$	7.37	8.60	9.17	9.72
2	$1.9×10^7$	7.85	8.87	9.36	9.82
3	$2.5×10^7$	7.44	8.24	8.67	8.98
4	$3.5×10^7$	6.81	7.42	7.72	8.00

综上所述，油藏岩石与聚合物的适应性受岩石渗透率、聚合物浓度、分子量以及溶剂水化学组成等因素的影响，但"孔隙半径中值/D_h"范围在 7～10 之间。

3.4 小结

① 当采用注入水配制聚合物溶液时，设聚合物分子量为 x（10^4），与之相匹配的岩心极限渗透率为 y（$\times 10^{-3} \mu m^2$），则聚合物浓度 c_p=800mg/L 时，y 和 x 间满足方程式：$y=-1.0823 \times 10^{-9}x^3+2.165 \times 10^{-7}x^2+0.0482x-4.9242$；聚合物浓度 c_p=1200mg/L 时满足方程：$y=-1.0823 \times 10^{-9}x^3+2.165 \times 10^{-7}x^2+0.0482x+5.0758$；聚合物浓度 c_p=1600mg/L 时满足方程：$y=-1.0823 \times 10^{-9}x^3+2.165 \times 10^{-7}x^2+0.0482x+15.0760$；聚合物浓度 c_p=2000mg/L 时满足方程：$y=-1.0823 \times 10^{-9}x^3+2.165 \times 10^{-7}x^2+0.0482x+25.0760$。根据目标油藏储层地质特征和流体性质，与之相适应的聚合物分子量为 2.5×10^7 左右。

② 与聚合物溶液相比较，表面活性剂导致二元复合体系中聚合物分子线团尺寸增加，其岩心渗透率极限相应增大，增幅约为 $0.01 \mu m^2$～$0.02 \mu m^2$。

③ 油藏储层岩石与聚合物间匹配关系受岩石渗透率、聚合物浓度、分子量以及溶剂水化学组成等因素的影响，但"孔隙半径中值/分子线团尺寸"范围通常在 7～10 之间。

第 **4** 章
高浓度聚合物溶液的增黏性和渗流特性

4.1 测试条件

4.1.1 实验材料

聚合物（HTPW-112）由中国石油大港油田采油工艺研究院提供，分子量 2.5×10^7，有效含量 88%。

实验用水为港西三区注入水和地层水，水质分析见表 2-1。

实验用油为配制模拟油，由原油与煤油混合而成。

岩心为石英砂环氧树脂胶结人造岩心，几何尺寸 $\phi \times L = 2.5\text{cm} \times 10\text{cm}$。气测渗透率 $K_g = 0.1\mu\text{m}^2$、$0.5\mu\text{m}^2$、$1\mu\text{m}^2$、$1.5\mu\text{m}^2$、$2\mu\text{m}^2$ 和 $3\mu\text{m}^2$。

4.1.2 仪器设备

（1）视黏度

采用 DV-Ⅱ型布氏黏度仪测试聚合物溶液的视黏度，分别使用"0"号转子（0～100mPa·s，转速 6r/min）、"1"号转子（100～200mPa·s，转速 30r/min）和"2"号转子（200～1000mPa·s，转速 30r/min）。

（2）流变性、黏弹性、本体黏度和第一法向应力差

采用 Haake Rheo-Stress6000 型流变仪测试聚合物溶液的流变性和黏弹性，本体黏度通过流变曲线外推得出，第一法向应力差通过公式 $N_1 = 2G'[1+(G'/G'')^2]^{0.7}$ 进行计算。

（3）分子聚集体尺寸

采用美国布鲁克海文 BI-200SM 型广角动/静态光散射仪系统（Brookhaven Instruments Cop，USA）测试聚合物分子聚集体尺寸，主要部件包括 BI-9000AT 型激光相关器和信号处理仪，氩离子激光器（200mW，波长 532.0nm），测定时散射角为 90°。测试前，所有样品经 0.8μm 核微孔滤膜过滤，试样瓶用 KQ3200DE 型数控超声波清洗器清洗。测试后，采用 CONTIN 数学模型进行数据处理。

（4）界面黏度

采用 KaKKe 流变仪测试聚合物溶液与原油间的界面黏度。

（5）渗流特性

渗流特性实验仪器设备主要包括平流泵、压力传感器、岩心夹持器、手摇泵和中间容器等。除平流泵和手摇泵外，其他部分置于 53℃的恒温箱内。

4.2 聚合物的增黏性及影响因素

4.2.1 聚合物浓度的影响

采用注入水配制 HTPW-112 聚合物母液（c_p=5000mg/L），然后稀释成 400mg/L、700mg/L、1000mg/L、1300mg/L、1600mg/L、1900mg/L、2200mg/L、2500mg/L、3000mg/L 和 3500mg/L 目的液，视黏度测试结果见表 4-1。

表 4-1　视黏度测试结果

聚合物浓度/(mg/L)	400	700	1000	1300	1600	1900	2200	2500	3000	3500
视黏度/(mPa·s)	7.7	14.7	26.8	44.2	63.6	96.2	134.9	178	275.9	367.9

从表 4-2 可知，聚合物浓度对聚合物溶液的黏度存在影响。随聚合物浓度增加，聚合物溶液的黏度增大，在聚合物浓度增加到 1600mg/L 以后，黏度与浓度关系曲线的斜率明显增大，溶液视黏度增幅明显变大。

4.2.2 剪切作用的影响

采用注入水配制 HTPW-112 聚合物母液（c_p=5000mg/L），然后稀释成 400mg/L、800mg/L、1200mg/L、1600mg/L、2000mg/L、2400mg/L、2800mg/L、3200mg/L 和 3600mg/L 目的液，剪切 20s，剪切前后视黏度测试结果见表 4-2。

表 4-2　视黏度测试结果

聚合物浓度/(mg/L)	400	800	1200	1600	2000	2400	2800	3200	3600
原始视黏度/(mPa·s)	7.7	19.8	39.4	63.6	109	165	238	308	395
剪切后视黏度/(mPa·s)	2.9	6.9	17.0	35.6	66.0	122.2	168.8	228.0	281.0
黏度损失率/%	62.34	65.15	56.85	44.03	39.45	25.94	29.08	25.97	28.86

从表 4-2 可知，剪切作用导致聚合物溶液的黏度降低。在剪切强度相同条件下，随聚合物浓度增加，聚合物溶液的黏度损失率减小。当聚合物浓度超过 2000mg/L 后，聚合物溶液黏度损失率明显减小，表现出较强的抗剪切性。

4.2.3 溶剂水矿化度的影响

采用注入水和地层水分别配制 HTPW-112 聚合物母液（c_p=5000mg/L），然后稀释成 1000mg/L、2000mg/L、3000mg/L 和 4000mg/L 目的液，视黏度测试结果见表 4-3。

表 4-3　视黏度测试结果

聚合物浓度/(mg/L)		1000	2000	3000	4000	黏度增加率/%
视黏度/(mPa·s)	注入水	26.8	109.0	275.9	474.9	1672.0
	地层水	20.3	89.6	190.0	398.5	1863.1

从表 4-3 可知，随溶剂水矿化度增加，聚合物分子聚集体蜷缩，包络水能力下降，聚合物溶液的黏度减小，但溶剂水矿化度对其黏度增加率影响不大。

4.3　聚合物溶液的流变性及影响因素

4.3.1　聚合物浓度的影响

采用注入水配制 HTPW-112 聚合物母液（c_p=5000mg/L），然后稀释成 1000mg/L、1500mg/L、2000mg/L、2500mg/L、3000mg/L、3500mg/L 和 4000mg/L 目的液，其视黏度与剪切速率关系测试结果见图 4-1。

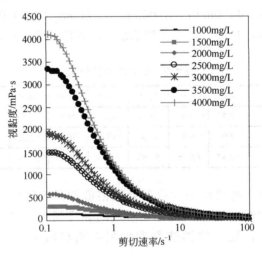

图 4-1　视黏度与剪切速率关系

从图 4-1 可知，聚合物浓度对聚合物溶液的流变性存在影响。在剪切速率相同条件下，随聚合物浓度增加，聚合物溶液的视黏度增大。当聚合物浓度超过 2000mg/L 后，聚合物溶液的视黏度增幅明显加大。在聚合物浓度相同条件下，随剪切速率增加，聚合物溶液的视黏度降低，表现出"剪切变稀"的流变特性。造成这种状况的原因在于，在低剪切速率条件下，聚合物分子链受到的剪切应力较小，聚合物分子链间相互靠近缠结，分子间引力较大，聚合物溶液表现出较高的黏度值。随剪切速率增加，聚合物分子链受到的剪切应力增加，部分聚合物分子链间缠结结构遭到破坏，导致分子链间吸引力和相互缠结能力减小，聚合物溶液的视黏度降低。聚合物浓度越高，聚合物溶液中聚合物分子链间缠结结构越复杂，聚合物分子链间缠结结构受到外力作用就越容易遭到破坏，视黏度下降幅度就越大。

4.3.2 溶剂水矿化度的影响

采用注入水和地层水分别配制 HTPW-112 聚合物母液（c_p=5000mg/L），然后稀释成 1000mg/L、2000mg/L、3000mg/L 和 4000mg/L 目的液，流变性测试结果见图 4-2。

从图可知，溶剂水矿化度对聚合物流变性存在影响。在聚合物浓度相同条件下，随溶剂水矿化度增加，聚合物溶液的视黏度减小。随聚合物浓度增加，污水和清水聚合物溶液的流变性差异变小。

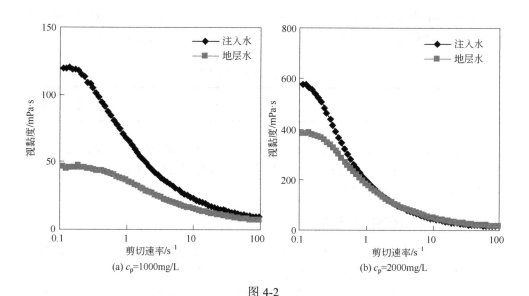

图 4-2

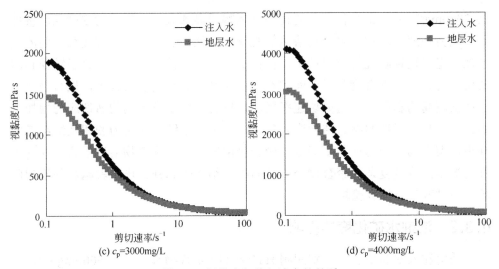

图 4-2　视黏度与剪切速率的关系

4.4　聚合物溶液的本体黏度及影响因素

4.4.1　聚合物浓度的影响

将图 4-1 中关系曲线进行拟合回归方程，并求出剪切速率近似于零时的视黏度（即本体黏度），其本体黏度与聚合物浓度的关系结果见表 4-4。

表 4-4　本体黏度测试结果

聚合物浓度 /(mg/L)	1000	1500	2000	2500	3000	3500	4000

从表 4-4 可知，聚合物浓度对聚合物本体黏度存在影响。随聚合物浓度增加，聚合物溶液的本体黏度增大。当聚合物浓度超过 2000mg/L 后，聚合物溶液的本体黏度增幅明显增大。

4.4.2　溶剂水矿化度的影响

对图 4-2 中的关系曲线进行拟合回归，求出剪切速率近似于零时的视黏度，即本体黏度。本体黏度与聚合物浓度的对应关系见表 4-5。

从表 4-5 可知，溶剂水矿化度对聚合物溶液本体黏度存在影响。在聚合物浓度相同条件下，随溶剂水矿化度增加，聚合物溶液本体黏度减小。随聚合物

表 4-5　本体黏度测试结果

浓度/(mg/L)		1000	2000	3000	4000
本体黏度/(mPa·s)	注入水	124.5	579.7	1921.3	4127.0
	地层水	46.0	376.6	1452.9	3058.2
本体黏度损失率/%		60.1	35.0	24.4	25.9

浓度增加，聚合物溶液本体黏度损失率减小。当聚合物浓度超过 2000mg/L 后，本体黏度损失率趋于稳定。

4.5　聚合物溶液的黏弹性及影响因素

4.5.1　聚合物浓度的影响

采用注入水配制 HTPW-112 聚合物母液（c_p=5000mg/L），然后稀释成 1000mg/L、1500mg/L、2000mg/L、2500mg/L、3000mg/L、3500mg/L 和 4000mg/L 目的液。聚合物溶液的储能模量 G'、损耗模量 G'' 和第一法向应力差 N_1 与振荡频率关系（即黏弹性）测试结果见图 4-3～图 4-5。

可以看出，聚合物溶液的浓度对储能模量（G'）、损耗模量（G''）和第一法向应力差（N_1）存在影响。在振荡频率相同的条件下，随聚合物浓度的增加，储能模量、损耗模量和第一法向应力差增大，聚合物溶液的黏弹性增强。在聚合物溶液浓度和水型相同的条件下，随振荡频率增加，聚合物溶液的储能模量、

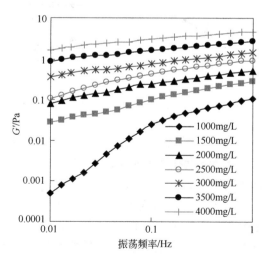

图 4-3　储能模量 G' 与振荡频率的关系

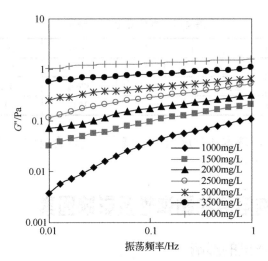

图 4-4　损耗模量 G'' 与振荡频率的关系

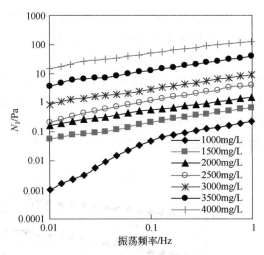

图 4-5　第一法向应力差 N_1 与振荡频率的关系

损耗模量和第一法向应力差都呈增加趋势，表现出"增弹特性"和"增黏特性"。进一步分析可知，聚合物浓度在 1000mg/L 和 1500mg/L 之间时，随振荡频率增加，聚合物溶液的储能模量、损耗模量和第一法向应力差增加幅度较大，之后增幅趋于稳定。随着聚合物溶液浓度的进一步增加，其储能模量、损耗模量和第一法向应力差受振荡频率影响程度降低，曲线趋于平缓。其原因在于，随振荡频率增加，聚合物分子链被伸展拉长，黏弹性增强。随聚合物浓度增加，聚合物分子链间距减小，伸展变形受到限制，黏弹性增幅减小。

4.5.2 溶剂水矿化度的影响

采用注入水和地层水分别配制 HTPW-112 聚合物母液（c_p=5000mg/L），然后稀释成 1000mg/L、2000mg/L、3000mg/L 和 4000mg/L 目的液，其储能模量 G'、损耗模量 G'' 和第一法向应力差 N_1 与振荡频率（即黏弹性）的关系测试结果见图 4-6 和图 4-7。

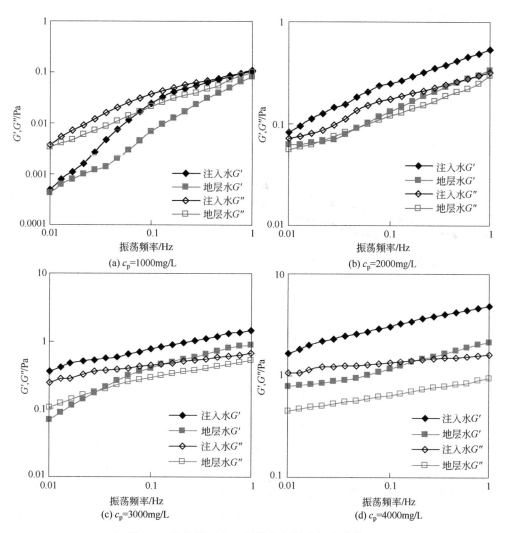

图 4-6 储能模量和损耗模量与振荡频率的关系

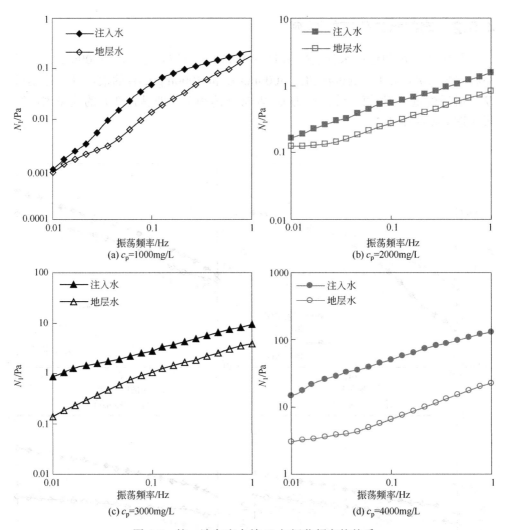

图 4-7　第一法向应力差 N_1 与振荡频率的关系

从图 4-6 和图 4-7 可知，溶剂水矿化度对聚合物溶液的储能模量（G'）、损耗模量（G''）和第一法向应力差（N_1）存在影响。在振荡频率相同条件下，随溶剂水矿化度增加，储能模量、损耗模量和第一法向应力差减小，聚合物溶液的黏弹性变差。其原因在于，随溶剂水矿化度增加，水中阳离子的浓度增加，聚合物分子链表面双电层上电荷的屏蔽作用使聚合物分子链收缩和卷曲，缠绕度降低，黏弹性减小。进一步分析发现，随聚合物浓度的增加，聚合物溶液的弹性增幅大于黏性的增幅，弹性更加明显。由此可见，高浓度聚合物溶液中聚合物分子链缠绕成环和分子链间缠结形成瞬时键较多，其弹性远大于黏性。

4.6 聚合物分子的聚集体尺寸及影响因素

4.6.1 聚合物浓度的影响

采用注入水配制 HTPW-112 聚合物母液（c_p=1000mg/L），然后稀释成 50mg/L、100mg/L、150mg/L、200mg/L、250mg/L、300mg/L、350mg/L 和 400mg/L 目的液，聚合物分子的聚集体尺寸 D_h 测试结果见表 4-6，其光强分布见图 4-8。

表 4-6 D_h 测试结果

聚合物浓度/(mg/L)	50	100	150	200	250	300	350	400
D_h/nm	289.9	265.4	248.3	245.3	268.6	317.2	372.0	460.8

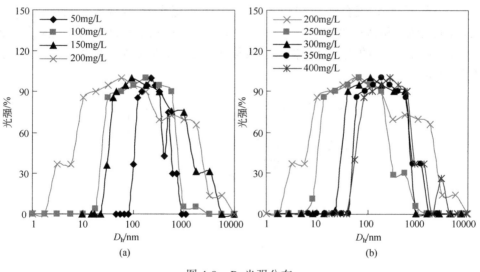

图 4-8 D_h 光强分布

从表 4-6 可知，随聚合物溶液浓度增加，分子聚集体尺寸呈现先下降后上升的变化趋势。其原因在于，随聚合物浓度增加，单位体积内分子聚集体数量增大，导致包围聚合物分子链的水分子减少，水化层变薄，分子聚集体尺寸 D_h 减小。当聚合物浓度达到 250mg/L 以上时，该浓度已超过聚合物溶液的临界交叠浓度，溶液中互相分离的孤立聚集体不断增加，并逐渐相互靠近，聚集体间发生稳态接触而产生物理缠结，使得测试的聚合物分子聚集体尺寸增大。从图4-8可知，随聚合物浓度增加，其分子聚集体尺寸 D_h 分布呈现先发散后集中的变化趋势，这是由于在水化层变薄的过程中，聚合物分子溶胀程度不均匀，导致光强分布较宽。

4.6.2　溶剂水矿化度的影响

采用地层水配制 HTPW-112 聚合物母液（c_p=1000mg/L），然后稀释成100mg/L、200mg/L、300mg/L 和 400mg/L 目的液。聚合物分子聚集体尺寸测试结果见表 4-7。可以看出，随聚合物浓度增加，D_h 呈现"先降后升"的变化趋势。与注入水相比较，污水聚合物溶液中 D_h 较小。

表 4-7　HTPW-112 聚合物的 D_h 测试结果

聚合物浓度/(mg/L)	100	200	300	400
D_h/nm	191.1	185.4	240.8	377.6

采用注入水、混合水 1（75%注入水+25%地层水）、混合水 2（50%注入水+50%地层水）和地层水配制 HTPW-112 聚合物母液（c_p=1000mg/L），然后稀释成 c_p=100mg/L 目的液。聚合物分子聚集体尺寸 D_h 测试结果见表 4-8，光强分布见图 4-9。

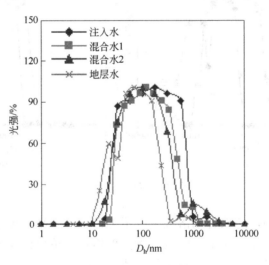

图 4-9　D_h 光强分布

表 4-8　D_h 测试结果

水型	注入水	混合水 1	混合水 2	地层水
D_h/nm	265.4	251.3	231.2	191.1

从表 4-8 可知,在聚合物浓度相同条件下,随溶剂水矿化度增加,水中 Na^+、Ca^{2+} 和 Mg^{2+} 等阳离子浓度增加,削弱了聚合物大分子链上羧基阴离子之间的相互排斥作用,促使分子链卷曲程度增大,D_h 呈现下降趋势。从图 4-9 可知,随溶剂水矿化度增加,其分子聚集体尺寸 D_h 光强分布逐渐集中,光强峰值对应分子聚集体尺寸 D_h 逐渐减小。

4.7　油/聚合物溶液间的界面黏度及影响因素

4.7.1　聚合物浓度的影响

采用注入水配制 IITPW-112 聚合物母液（c_p=5000mg/L）,然后稀释成 400mg/L、700mg/L、1000mg/L、1300mg/L、1600mg/L、1900mg/L、2200mg/L、2500mg/L、3000mg/L、3500mg/L 和 4000mg/L 目的液。油/聚合物溶液间的界面黏度测试结果见图 4-10。

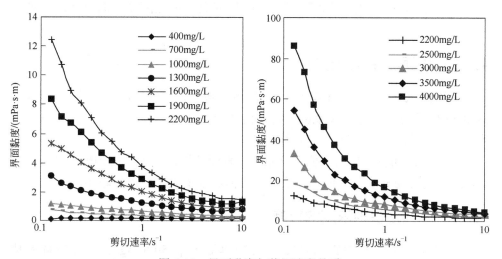

图 4-10　界面黏度与剪切速率关系

当剪切速率为 0.1259s^{-1} 时,油/聚合物溶液间的界面黏度测试结果以及单位浓度界面黏度（η_s）增加值见表 4-9 和图 4-10。

表 4-9　界面黏度测试结果

聚合物浓度/(mg/L)	400	700	1000	1300	1600	1900
界面黏度/(mPa·s·m)	0.18	0.75	1.20	3.13	5.35	8.41
单位浓度界面黏度增加值/[10^{-3}mPa·s·m/(mg/L)]	—	1.92	1.50	6.42	7.41	10.19
聚合物浓度/(mg/L)	2200	2500	3000	3500	4000	
界面黏度/(mPa·s·m)	12.41	18.26	33.39	54.37	85.90	
单位浓度界面黏度增加值/[10^{-3}mPa·s·m/(mg/L)]	13.33	19.50	30.27	41.96	63.06	

从表 4-9 可知，聚合物浓度对油/聚合物溶液间的界面黏度存在影响。在剪切速率相同的条件下，随着聚合物浓度增加，界面黏度增大，单位浓度界面黏度增加值亦增大。聚合物在溶液和油相界面上吸附和定向排列，可以形成排列紧密的油水界面膜。当聚合物浓度增加时，界面吸附的聚合物分子数增多，使得在油水界面上聚合物分子间相互作用力增强，界面吸附层加厚，表现为界面膜强度增加，界面流动性变差，控制聚合物溶液指进生长。在聚合物浓度相同的条件下，随着剪切速率增加，油/聚合物溶液间的界面黏度降低，表现出"剪切变稀"的流变特性。进一步分析可知，当聚合物浓度超过 1300mg/L 时，油/聚合物溶液间的界面黏度增幅明显变大，单位浓度界面黏度增加值也明显变大。

4.7.2　表面活性剂的影响

采用注入水配制 HTPW-112 聚合物母液（c_p=5000mg/L），然后稀释成 1300mg/L 目的液，再加入 0.025%表面活性剂（DWS）。油/聚合物溶液（二元体系）间的界面黏度测试结果见图 4-11。

从图 4-11 可知，加入表面活性剂后，表面活性剂分子吸附到聚合物分子链上，造成聚合物分子聚集体尺寸增加，界面黏度增大，但增幅较小。

4.7.3　表面活性剂浓度的影响

采用注入水配制 HTPW-112 聚合物母液（c_p=5000mg/L），然后稀释成 1300mg/L 目的液，再分别加入 0.025%、0.05%、0.1%、0.15%、0.2%、0.25%和 0.3%的表面活性剂（DWS），油/二元体系的界面黏度测试结果见图 4-12。

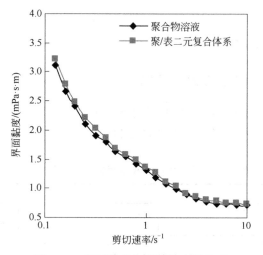

图 4-11　界面黏度与剪切速率的关系

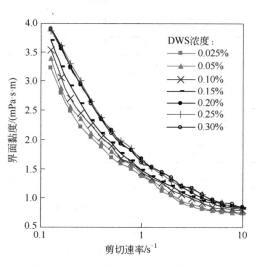

图 4-12　界面黏度与剪切速率的关系

从图 4-12 可知，随表面活性剂浓度增加，聚合物分子链上吸附表面活性剂的数量增多，聚合物分子聚集体尺寸增大（见表 4-10），界面黏度逐渐增大，但增幅较小。当表面活性剂浓度超过 0.2% 后，界面黏度基本不变。

表 4-10　表面活性剂对 D_h 的影响（c_p=100mg/L）

c_s/%	0.0	0.02	0.04	0.06	0.08
D_h/nm	240.34	270.1	300.7	320.8	332.2

4.8 渗流特性

4.8.1 阻力系数和残余阻力系数

在岩心渗透率和聚合物浓度不同的条件下，聚合物溶液的阻力系数（F_R）和残余阻力系数（F_{RR}）测试结果见表 4-11。

表 4-11　阻力系数和残余阻力系数（注入水）

渗透率/μm²	聚合物溶液		聚合物溶液		阻力系数		残余阻力系数	
	聚合物浓度/(mg/L)	增加率/%	工作黏度/(mPa·s)	增加率/%	F_R	增加率/%	F_{RR}	增加率/%
0.1	400	—	2.9	—	8.8	—	4.6	—
	800	50.0	6.9	58.0	15.8	44.3	8.4	45.2
	1200	33.3	17.0	59.4	25.0	36.8	12.8	34.4
	1600	25.0	35.6	52.2	30.8	18.8	18.2	29.7
0.5	800	—	6.9	—	9.0	—	5.4	—
	1200	33.3	17.1	59.4	13.8	34.8	8.3	34.9
	1600	25.0	35.5	52.2	20.0	31.0	13.0	36.2
	2000	20.0	66.0	46.1	28.8	30.6	20.2	35.6
1.0	1200	—	17.0	—	11.0	—	6.4	—
	1600	25.0	35.8	52.2	16.0	31.3	9.6	33.3
	2000	20.0	66.2	46.1	26.0	38.5	15.9	39.6
	2400	16.7	122.2	45.9	57.5	54.8	33.5	52.5
1.5	1600	—	35.6	—	12.8	—	7.0	—
	2000	20.0	66.1	46.1	21.1	39.3	11.9	41.2
	2400	16.7	122.0	45.9	51.1	58.7	27.4	56.6
	2800	14.3	168.8	27.7	111.9	54.3	58.1	52.8
2.0	2000	—	66.0	—	18.0	—	8.1	—
	2400	16.7	122.5	45.9	43.0	58.1	21.5	62.3
	2800	14.3	170.1	27.7	103.0	58.3	51.5	58.3
	3200	12.5	228.0	26.0	135.0	23.7	68.9	25.3
3.0	2400	—	122.1	—	31.0	—	15.2	—
	2800	14.3	168.9	27.7	94.8	67.3	46.9	67.6
	3200	12.5	228.3	26.0	128.4	26.2	64.2	26.9
	3600	11.1	281.0	18.9	144.8	11.3	70.9	9.4

从表 4-11 可以看出，岩心渗透率和聚合物浓度对阻力系数和残余阻力系数存在影响。在聚合物浓度相同的条件下，随岩心渗透率增加，阻力系数和残余

阻力系数减小。在岩心渗透率一定条件下，随聚合物浓度增加，阻力系数和残余阻力系数增大。进一步分析发现，聚合物浓度在 400mg/L～1600mg/L 之间，阻力系数和残余阻力系数增加率降低；在 1600mg/L～2800mg/L 之间，阻力系数和残余阻力系数增加率升高；浓度超过 2800mg/L 后，阻力系数和残余阻力系数增加率再次降低，总体呈"平缓-陡峭-平缓"的趋势。

4.8.2 动态特征

在聚合物浓度不同条件下，注入压力与注入孔隙体积（PV）倍数关系见图4-13。

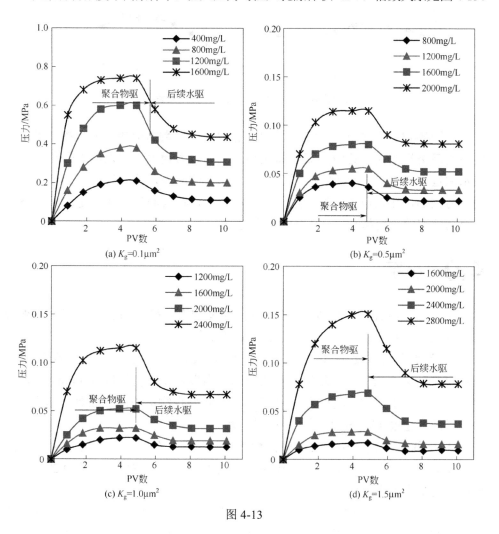

图 4-13

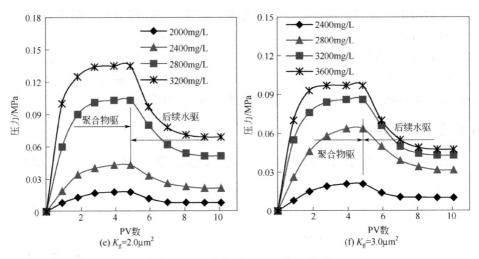

图 4-13　注入压力与 PV 数的关系

从图 4-13 可以看出，随着聚合物溶液注入 PV 数的增加，聚合物在多孔介质中的滞留量增大，孔隙过流断面减小，流动阻力增大，注入压力升高。在后续水驱过程中，随注入 PV 数增加，聚合物滞留减少，孔隙过流断面增大，流动阻力减小，注入压力降低。进一步分析发现，在岩心渗透率一定的条件下，聚合物溶液的浓度越高，注入压力增幅越大。

4.9　小结

①　随聚合物浓度增加，聚合物溶液黏度增大，抗剪切能力增强。当聚合物浓度超过 1600mg/L 时，黏度增幅明显加大。

②　当聚合物浓度从 1000mg/L 增加 1500mg/L 时，聚合物溶液的储能模量、损耗模量和第一法向应力差呈现明显增加。当聚合物浓度超过 1500mg/L 后，黏弹性增幅趋于稳定。随聚合物浓度增加，油/聚合物溶液间界面黏度增大。当聚合物浓度超过 1300mg/L 后，界面黏度增幅明显加大。

③　当聚合物溶液中加入表面活性剂后，聚合物分子聚集体尺寸增加，油/二元体系间界面黏度增大，但增幅较小。当表面活性剂浓度增加到 0.2%以后，界面黏度基本不变。

④　在聚合物浓度相同的条件下，随岩心渗透率增加，阻力系数和残余阻力系数减小。在岩心渗透率一定的条件下，随聚合物浓度增加，阻力系数和残

余阻力系数增大。当聚合物浓度在 400mg/L～1600mg/L 之间时，随聚合物浓度增加，阻力系数和残余阻力系数的增加率呈现降低态势。当聚合物浓度在 1600mg/L～2800mg/L 之间时，随聚合物浓度增加，阻力系数和残余阻力系数增加率呈现增大趋势。当聚合物浓度超过 2800mg/L 后，阻力系数和残余阻力系数的增加率再次降低。

第 **5** 章
高浓度聚合物溶液的油藏
适应性及影响因素

5.1 测试条件

5.1.1 实验材料

聚合物（HTPW-112）由中国石油大港油田采油工艺研究院提供，分子量为 $2.5×10^7$，有效含量为 88%。

水为港西三区注入水和地层水，水质分析见表 2-1。

岩心为石英砂环氧树脂胶结人造非均质岩心，包括高、中、低三个渗透层，各小层厚度为 1.5cm，几何尺寸：长×宽×高=30cm×4.5cm×4.5cm。岩心渗透率参数设计见表 5-1 和表 5-2。

表 5-1　渗透率变异系数 V_K 与小层渗透率 K_g（$K_{平均}$=0.9μm²）

	V_K	0.43	0.59	0.72
$K_g/\mu m^2$	低渗透层	0.4	0.2	0.1
	中渗透层	0.8	0.6	0.4
	高渗透层	1.5	1.9	2.2

表 5-2　平均渗透率 $K_{平均}$ 与小层渗透率 K_g（V_K=0.72）

	$K_{平均}/\mu m^2$	0.45	0.9	1.8
$K_g/\mu m^2$	低渗透层	0.05	0.1	0.2
	中渗透层	0.2	0.4	0.8
	高渗透层	1.1	2.2	4.4

5.1.2 仪器设备

采用 DV-II 型布氏黏度计测试聚合物溶液的黏度。采用驱替实验装置评价聚合物的驱增油效果，装置主要包括平流泵、压力传感器、岩心夹持器、手摇泵和中间容器等。除平流泵和手摇泵外，其他部分置于油藏温度 53℃恒温箱内。实验步骤：

① 在室温下，岩心抽真空，饱和地层水，计算孔隙体积；

② 在油藏温度条件下，水驱，计算水测渗透率；

③ 在油藏温度条件下，饱和模拟油，计算含油饱和度；

④ 在油藏温度条件下，水驱到设计含水率，计算水驱采收率；

⑤ 在油藏温度条件下，注入 0.38PV 聚合物溶液，后续水驱到含水率98%，

计算聚合物驱的采收率。

实验注入速率为 0.3mL/min。

5.2 黏度比对聚合物驱增油效果的影响（$K_{平均}$=0.9μm²）

5.2.1 渗透率变异系数 V_K=0.43 时的增油效果

（1）采收率

聚合物溶液与原油黏度比（μ_p/μ_o）对聚合物驱增油效果影响的实验结果见表 5-3。

表 5-3　采收率实验数据

方案编号	黏度比 （μ_p/μ_o）	聚合物浓度 /(mg/L)	工作黏度 /(mPa·s)	含油饱和度 /%	采收率/%		采收率增幅/%
					水驱	化学驱	
μ_o=20mPa·s							
2-1-0	0.04	—	0.8	71.9	29.8	—	—
2-1-1	0.5	990	10.0	71.8	28.8	40.6	10.8
2-1-2	1.0	1300	20.2	71.6	28.9	44.8	15.0
2-1-3	3.0	2000	60.3	71.9	28.7	46.4	16.6
2-1-4	5.0	2250	100.7	72.0	28.8	47.4	17.6
μ_o=40mPa·s							
2-2-0	0.02	—	0.8	72.6	25.5	—	—
2-2-1	0.5	1300	20.1	72.8	24.8	35.0	9.5
2-2-2	1.0	1700	40.5	72.8	24.6	39.3	13.8
2-2-3	3.0	2400	120.7	72.9	24.7	41.1	15.6
2-2-4	5.0	3050	200.5	72.8	24.9	42.2	16.7
μ_o=100mPa·s							
2-3-0	0.008	—	0.8	73.5	20.4	—	—
2-3-1	0.5	1900	50.0	73.4	20.0	28.9	8.5
2-3-2	1.0	2250	100.4	73.1	20.1	33.1	12.7
2-3-3	3.0	3700	300.9	73.2	20.4	34.7	14.3
2-3-4	5.0	4650	499.1	73.0	20.2	35.7	15.3
μ_o=200mPa·s							
2-4-0	0.004	—	0.8	73.5	17.7	—	—
2-4-1	0.5	2250	100.2	73.4	17.5	25.7	8.0
2-4-2	1.0	3050	201.7	73.3	17.7	29.9	12.2
2-4-3	3.0	5050	603.0	73.4	17.4	31.5	13.8
2-4-4	5.0	6500	1002.6	73.2	17.6	32.5	14.8

从表 5-3 可以看出，原油黏度（μ_o）和聚合物溶液与原油黏度比（μ_p/μ_o）对聚合物驱的驱增油效果（采收率）存在影响。在原油黏度相同的条件下，随黏度比（μ_p/μ_o）增大，采收率增加。在 μ_p/μ_o=5.0 条件下，μ_o=20mPa·s、40mPa·s、100mPa·s 和 200mPa·s 时聚合物驱采收率增幅分别为 17.6%、16.7%、15.3% 和 14.8%。

（2）动态特征

在原油黏度 μ_o=20mPa·s、渗透率变异系数 V_K=0.43 条件下，实验过程中注入压力、含水率和采收率与注入 PV 数的关系即动态特征见图 5-1～图 5-3。

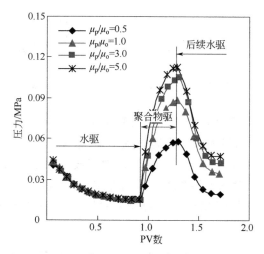

图 5-1　注入压力与 PV 数的关系（μ_o=20mPa·s）

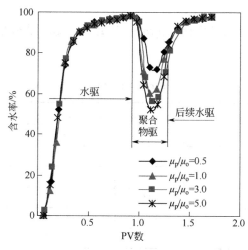

图 5-2　含水率与 PV 数的关系（μ_o=20mPa·s）

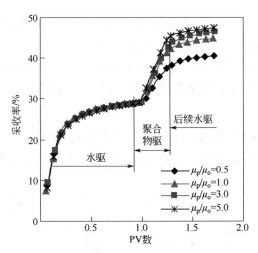

图 5-3　采收率与 PV 数的关系（μ_o=20mPa·s）

从图 5-1～图 5-3 可以看出，在聚合物溶液注入阶段，随注入 PV 数增加，岩心孔隙中聚合物滞留量增大，孔隙过流断面减小，流动阻力增加，注入压力升高。在原油黏度相同的条件下，随聚合物溶液与原油黏度比（μ_p/μ_o）增大，注入压力升幅增加，含水率降幅增大，采收率增幅提高。原油黏度比（μ_p/μ_o）相同条件下，随原油黏度减小，聚合物驱阶段含水率降幅增大，采收率增幅增大。

5.2.2　渗透率变异系数 V_K=0.59 时的增油效果

（1）采收率

聚合物溶液与原油黏度比（μ_p/μ_o）对聚合物驱增油效果影响的实验结果见表 5-4。

表 5-4　实验数据

方案编号	黏度比（μ_p/μ_o）	聚合物浓度/(mg/L)	工作黏度/(mPa·s)	含油饱和度/%	采收率/%		采收率增幅/%
					水驱	化学驱	
μ_o=20mPa·s							
3-1-0	0.04	—	0.8	71.5	28.0	—	
3-1-1	0.5	990	10.0	71.6	27.2	39.5	11.5
3-1-2	1.0	1300	19.8	71.4	27.1	43.8	15.8
3-1-3	3.0	2000	60.4	71.3	27.2	45.3	17.3
3-1-4	5.0	2250	100.2	71.4	27.1	46.3	18.3

方案编号	黏度比 (μ_p/μ_o)	聚合物浓度 /(mg/L)	工作黏度 /(mPa·s)	含油饱和度 /%	采收率/%		采收率增幅/%
					水驱	化学驱	
μ_o=40mPa·s							
3-2-0	0.02	—	0.8	72.5	23.8	—	—
3-2-1	0.5	1300	20.1	72.5	23.1	33.9	10.1
3-2-2	1.0	1700	40.2	72.4	23.2	38.4	14.6
3-2-3	3.0	2400	120.7	72.5	23.3	40.3	16.5
3-2-4	5.0	3050	200.6	72.5	23.2	41.3	17.5
μ_o=100mPa·s							
3-3-0	0.02	—	0.8	72.8	18.8	—	—
3-3-1	0.5	1900	50.8	72.9	18.6	27.9	9.1
3-3-2	1.0	2250	99.3	72.8	18.5	32.3	13.5
3-3-3	3.0	3700	301.2	73.1	18.4	34.3	15.5
3-3-4	5.0	4650	500.9	73.0	18.7	35.3	16.5
μ_o=200mPa·s							
3-4-0	0.02	—	0.8	73.1	16.2	—	—
3-4-1	0.5	2250	100.5	73.4	16.1	24.9	8.7
3-4-2	1.0	3050	199.0	73.2	16.0	29.2	13.0
3-4-3	3.0	5050	601.3	73.0	15.8	31.2	15.0
3-4-4	5.0	6500	1002.0	73.3	16.3	32.2	16.0

可以看出，原油黏度（μ_o）和聚合物溶液与原油黏度比（μ_p/μ_o）对聚合物驱的驱油效果（采收率）存在影响。在原油黏度相同的条件下，随黏度比（μ_p/μ_o）增大，采收率增加。在 μ_p/μ_o=5.0 条件下，当 μ_o=20mPa·s、40mPa·s、100mPa·s 和 200mPa·s 时，聚合物驱的采收率增幅分别为18.3%、17.5%、16.5% 和 16.0%。

（2）动态特征

在原油黏度 μ_o=20mPa·s、渗透率变异系数 V_K=0.59 条件下，不同黏度比的实验过程中动态特征见图 5-4～图 5-6。

从图 5-4～图 5-6 可以看出，在原油黏度相同条件下，随聚合物溶液与原油黏度比（μ_p/μ_o）增大，注入压力升高，含水率降低，采收率增加，但增幅减小；在原油黏度比（μ_p/μ_o）相同条件下，随原油黏度减小，注入压力降低，含水率下降，采收率增加。

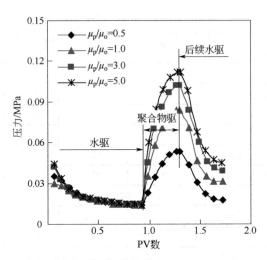

图 5-4 注入压力与 PV 数的关系（V_K=0.59，μ_o=20mPa·s）

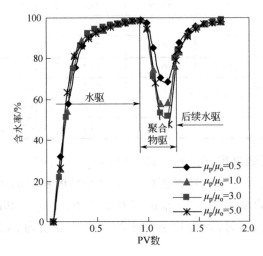

图 5-5 含水率与 PV 数的关系（V_K=0.59，μ_o=20mPa·s）

5.2.3 渗透率变异系数 V_K=0.72 时的增油效果

（1）采收率

聚合物溶液与原油黏度比（μ_p/μ_o）对聚合物驱增油效果影响实验结果见表 5-5。

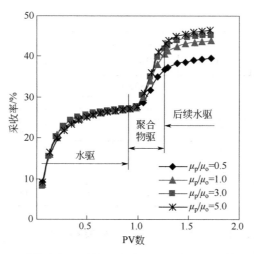

图 5-6 采收率与 PV 数的关系（$V_K=0.59$，$\mu_o=20\text{mPa·s}$）

表 5-5 实验数据

方案编号	黏度比 (μ_p/μ_o)	聚合物浓度 /(mg/L)	工作黏度 /(mPa·s)	含油饱和度 /%	采收率/%		采收率 增幅/%
					水驱	化学驱	
$\mu_o=20\text{mPa·s}$							
4-1-0	0.04	—	0.8	71.0	25.5	—	—
4-1-1	0.5	990	10.1	71.0	24.9	37.9	12.4
4-1-2	1.0	1300	20.0	71.2	24.9	42.5	17.0
4-1-3	3.0	2000	60.6	71.2	24.8	43.9	18.4
4-1-4	5.0	2250	100.4	70.9	25.0	44.8	19.3
$\mu_o=40\text{mPa·s}$							
4-2-0	0.02	—	0.8	72.0	21.3	—	—
4-2-1	0.5	1300	20.2	72.0	20.8	32.6	11.3
4-2-2	1.0	1700	40.7	71.9	20.9	36.9	15.6
4-2-3	3.0	2400	120.5	72.1	20.7	38.8	17.5
4-2-4	5.0	3050	200.7	72.0	20.6	39.6	18.3
$\mu_o=100\text{mPa·s}$							
4-3-0	0.02	—	0.8	72.6	17.3	—	—
4-3-1	0.5	1900	49.3	72.6	17.2	27.6	10.3
4-3-2	1.0	2250	100.7	72.7	17.0	32.0	14.7
4-3-3	3.0	3700	300.9	72.5	17.1	33.6	16.3
4-3-4	5.0	4650	501.8	72.8	16.8	34.4	17.1

方案编号	黏度比 (μ_p/μ_o)	聚合物浓度 /(mg/L)	工作黏度 /(mPa·s)	含油饱和度 /%	采收率/%		采收率增幅/%
					水驱	化学驱	
μ_o=200mPa·s							
4-4-0	0.02	—	0.8	73.1	14.6	—	—
4-4-1	0.5	2250	101.3	73.0	14.2	24.7	10.1
4-4-2	1.0	3050	200.2	72.9	14.5	28.8	14.2
4-4-3	3.0	5050	601.8	73.1	14.4	30.2	15.6
4-4-4	5.0	6500	1002.3	72.9	14.5	31.0	16.4

从表 5-5 可以看出，原油黏度（μ_o）和聚合物溶液与原油黏度比（μ_p/μ_o）对聚合物驱的驱增油效果（采收率）存在影响。在原油黏度相同条件下，随黏度比增大，采收率增加。在 μ_p/μ_o=5.0 条件下，当 μ_o=20mPa·s、40mPa·s、100mPa·s 和 200mPa·s 时，聚合物驱的采收率增幅分别为 19.3%、18.3%、17.1%和 16.4%。

（2）动态特征

在原油黏度 μ_o=20mPa·s、渗透率变异系数 V_K=0.72 条件下，实验过程中动态特征见图 5-7～图 5-9。

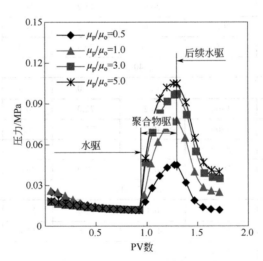

图 5-7　注入压力与 PV 数的关系（V_K=0.72，μ_o=20mPa·s）

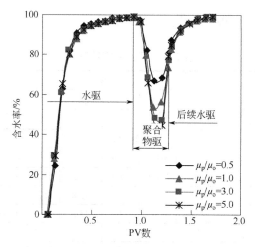

图 5-8　含水率与 PV 数的关系（V_K=0.72，μ_o=20mPa·s）

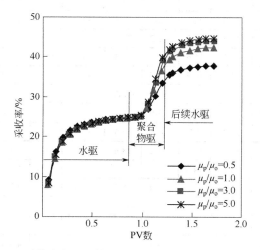

图 5-9　采收率与 PV 数的关系（V_K=0.72，μ_o=20mPa·s）

　　从图 5-7～图 5-9 可以看出，在原油黏度相同的条件下，随聚合物溶液与原油黏度比（μ_p/μ_o）增大，注入压力升高，含水率降低，采收率增加，但增幅逐渐减小；在原油黏度比（μ_p/μ_o）相同的条件下，随原油黏度减小，聚合物驱阶段含水率降幅增加，采收率增幅增大。

5.2.4　渗透率变异系数对聚合物驱增油效果的影响

（1）采收率

　　在岩心平均渗透率 $K_{平均}$=0.9μm^2 条件下，渗透率变异系数 V_K 对聚合物驱增油效果（采收率）影响实验结果见表5-6。

表 5-6　采收率实验数据

黏度比 (μ_p/μ_o)	V_K=0.43				V_K=0.59				V_K=0.72			
	方案编号	采收率/%			方案编号	采收率/%			方案编号	采收率/%		
		水驱	化学驱	增幅		水驱	化学驱	增幅		水驱	化学驱	增幅
μ_o=20mPa·s												
0.04	2-1-0	29.8	—	—	3-1-0	28.0	—	—	4-1-0	25.5	—	—
0.5	2-1-1	28.8	40.6	10.8	3-1-1	27.2	39.5	11.5	4-1-1	24.9	37.9	12.4
1.0	2-1-2	28.9	44.8	15.0	3-1-2	27..1	43.8	15.8	4-1-2	24.9	42.5	17.0
3.0	2-1-3	28.7	46.4	16.6	3-1-3	27.2	45.3	17.3	4-1-3	24.8	43.9	18.4
5.0	2-1-4	28.8	47.4	17.6	3-1-4	27.1	46.3	18.3	4-1-4	25.0	44.8	19.3
μ_o=40mPa·s												
0.02	2-2-0	25.5	—	—	3-2-0	23.8	—	—	4-2-0	21.3	—	—
0.5	2-2-1	24.8	35.0	9.5	3-2-1	23.1	33.9	10.1	4-2-1	20.8	32.6	11.3
1.0	2-2-2	24.6	39.3	13.8	3-2-2	23.2	38.4	14.6	4-2-2	20.9	36.9	15.6
3.0	2-2-3	24.7	41.1	15.6	3-2-3	23.3	40.3	16.5	4-2-3	20.7	38.8	17.5
5.0	2-2-4	24.9	42.2	16.7	3-2-4	23.2	41.3	17.5	4-2-4	20.6	39.6	18.3
μ_o=100mPa·s												
0.008	2-3-0	20.4	—	—	3-3-0	18.8	—	—	4-3-0	17.3	—	—
0.5	2-3-1	20.0	28.9	8.5	3-3-1	18.5	27.9	9.1	4-3-1	17.0	27.6	10.3
1.0	2-3-2	20.1	33.1	12.7	3-3-2	18.6	32.3	13.5	4-3-2	17.2	32.0	14.7
3.0	2-3-3	20.4	34.7	14.3	3-3-3	18.4	34.3	15.5	4-3-3	17.1	33.6	16.3
5.0	2-3-4	20.2	35.7	15.3	3-3-4	18.7	35.3	16.5	4-3-4	16.8	34.4	17.1
μ_o=200mPa·s												
0.004	2-4-0	17.7	—	—	3-4-0	16.2	—	—	4-4-0	14.6	—	—
0.5	2-4-1	17.5	25.7	8.0	3-4-1	16.0	24.9	8.7	4-4-1	14.5	24.7	10.1
1.0	2-4-2	17.7	29.9	12.2	3-4-2	16.1	29.2	13.0	4-4-2	14.2	28.8	14.2
3.0	2-4-3	17.4	31.5	13.8	3-4-3	15.8	31.2	15.0	4-4-3	14.4	30.2	15.6
5.0	2-4-4	17.6	32.5	14.8	3-4-4	16.3	32.2	16.0	4-4-4	14.5	31.0	16.4

从表 5-6 可以看出，在原油黏度（μ_o）相同的条件下，随岩心渗透率变异系数增大，水驱采收率降低。在黏度比（μ_p/μ_o）相同的条件下，随岩心渗透率变异系数增大，聚合物驱采收率增幅增加。在 μ_o=20mPa·s 条件下，当渗透率变异系数 V_K=0.43、0.59 和 0.72 时，黏度比为 5.0 时对应采收率增幅分别为 17.6%、18.3%和19.3%。进一步分析发现，随岩心渗透率变异系数增大，聚合物驱最终采收率降低。当黏度比等于 1 时，两个黏度比间聚合物驱采收率增幅最大。

（2）动态特征

在原油黏度 μ_o=20mPa·s、黏度比 μ_p/μ_o=1.0 和岩心平均渗透率 $K_{平均}$=0.9μm^2 相同条件下，动态特征见图 5-10～图 5-12。

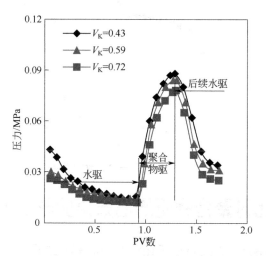

图 5-10　注入压力与 PV 数的关系

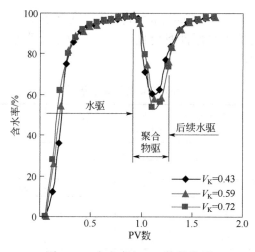

图 5-11　含水率与 PV 数的关系

可以看出，在原油黏度、黏度比和岩心平均渗透率相同条件下，随渗透率变异系数增加，水驱采收率降低，聚合物驱阶段含水率降幅增大，采收率增幅增大。进一步分析可知，随岩心渗透率变异系数增大，聚合物驱最终采收率降低。

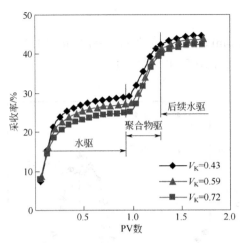

图 5-12　采收率与 PV 数的关系

5.3　黏度比对聚合物驱增油效果的影响（V_K=0.72）

5.3.1　平均渗透率 $K_{平均}$=0.45μm² 时的增油效果

（1）采收率

在岩心平均渗透率 $K_{平均}$=0.45μm² 和渗透率变异系数 V_K=0.72 条件下，原油黏度（μ_o）和聚合物溶液与原油黏度比（μ_p/μ_o）对聚合物驱增油效果（采收率）影响实验结果见表 5-7。

表 5-7　采收率实验数据

方案编号	黏度比（μ_p/μ_o）	聚合物浓度/(mg/L)	工作黏度/(mPa·s)	含油饱和度/%	采收率/%		采收率增幅/%
					水驱	化学驱	
μ_o=20mPa·s							
5-1-0	0.02	—	0.8	70.0	23.1	—	—
5-1-1	0.5	990	10.1	70.1	22.8	35.0	11.9
5-1-2	1.0	1300	20.3	70.2	22.9	39.4	16.3
5-1-3	3.0	2000	59.7	70.0	22.7	40.8	17.7
5-1-4	5.0	2250	100.6	70.0	22.8	41.6	18.5
μ_o=40mPa·s							
5-2-0	0.02	—	0.8	71.0	19.8	—	—
5-2-1	0.5	1300	19.6	71.2	19.5	30.3	10.5
5-2-2	1.0	1700	40.5	71.0	19.6	34.7	14.9
5-2-3	3.0	2400	120.6	71.1	19.6	36.4	16.6
5-2-4	5.0	3050	200.3	70.9	19.4	37.2	17.4

方案编号	黏度比 (μ_p/μ_o)	聚合物浓度 /(mg/L)	工作黏度 /(mPa·s)	含油饱和度 /%	采收率/%		采收率 增幅/%
					水驱	化学驱	
μ_o=100mPa·s							
5-3-0	0.02	—	0.8	71.5	15.9	—	—
5-3-1	0.5	1900	50.5	71.5	15.8	25.4	9.5
5-3-2	1.0	2250	99.0	71.4	15.9	29.9	14.0
5-3-3	3.0	3700	300.5	71.6	15.8	31.4	15.5
5-3-4	5.0	4650	500.8	71.5	15.6	32.1	16.2
μ_o=200mPa·s							
5-4-0	0.02	—	0.8	71.8	13.5	—	—
5-4-1	0.5	2250	100.8	71.8	13.5	22.6	9.1
5-4-2	1.0	3050	199.5	71.7	13.7	27.0	13.5
5-4-3	3.0	5050	602.1	71.9	13.6	28.4	14.9
5-4-4	5.0	6500	1003.4	71.7	13.9	29.2	15.7

从表 5-7 可以看出，原油黏度（μ_o）和聚合物溶液与原油黏度比（μ_p/μ_o）对聚合物驱的驱油效果（采收率）存在影响。在原油黏度相同条件下，随黏度比（μ_p/μ_o）增大，采收率增加，但增幅逐渐减小。当 μ_o=20mPa·s、40mPa·s、100mPa·s 和 200mPa·s 且黏度比为 5.0 时，聚合物驱采收率增幅为 18.5%、17.4%、16.2%和 15.7%。

（2）动态特征

在原油黏度 μ_o=20mPa·s、平均渗透率 $K_{平均}$=0.45μm^2 条件下，实验过程中动态特征见图 5-13～图 5-15。

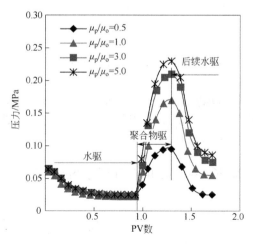

图 5-13　注入压力与 PV 数的关系

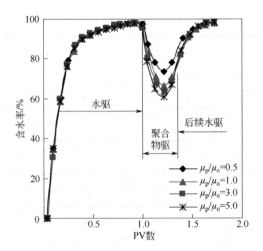

图 5-14 含水率与 PV 数的关系

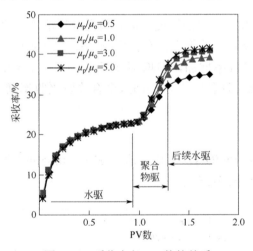

图 5-15 采收率与 PV 数的关系

可以看出，黏度比（μ_p/μ_o）增加，注入压力升高，含水下降，采收率增加，但增幅逐渐减小；在黏度比（μ_p/μ_o）相同条件下，随原油黏度降低，注入压力降低，含水率减小，采收率增加。

5.3.2 平均渗透率 $K_{平均}=1.8\mu m^2$ 时的增油效果

（1）采收率

原油黏度（μ_o）和聚合物溶液与原油黏度比（μ_p/μ_o）对聚合物驱增油效果（采收率）影响实验结果见表 5-8。

表 5-8 采收率实验数据

方案编号	黏度比 (μ_p/μ_o)	聚合物浓度 /(mg/L)	工作黏度 /(mPa·s)	含油饱和度 /%	采收率/% 水驱	采收率/% 化学驱	采收率增幅/%
			μ_o=20mPa·s				
6-1-0	0.02	—	0.8	72.5	27.3	—	—
6-1-1	0.5	990	10.5	72.4	26.8	40.8	13.5
6-1-2	1.0	1300	20.2	72.5	27.0	45.3	18.0
6-1-3	3.0	2000	60.4	72.6	27.1	47.0	19.7
6-1-4	5.0	2250	100.8	72.5	26.8	47.9	20.6
			μ_o=40mPa·s				
6-2-0	0.02	—	0.8	73.5	22.9	—	—
6-2-1	0.5	1300	20.1	73.2	22.7	35.5	12.6
6-2-2	1.0	1700	40.4	73.4	22.5	39.7	16.8
6-2-3	3.0	2400	120.5	73.3	22.4	41.6	18.7
6-2-4	5.0	3050	199.7	73.6	22.5	42.6	19.7
			μ_o=100mPa·s				
6-3-0	0.02	—	0.8	74.1	18.4	—	—
6-3-1	0.5	1900	50.3	74.2	18.2	29.9	11.5
6-3-2	1.0	2250	100.7	74.0	18.0	34.1	15.7
6-3-3	3.0	3700	298.9	74.1	18.3	36.0	17.6
6-3-4	5.0	4650	500.9	74.3	18.2	37.0	18.6
			μ_o=200mPa·s				
6-4-0	0.02	—	0.8	74.2	15.6	—	—
6-4-1	0.5	2250	101.8	73.9	15.2	26.3	10.7
6-4-2	1.0	3050	199.6	74.4	15.5	30.8	15.2
6-4-3	3.0	5050	598.9	74.1	15.4	32.7	17.1
6-4-4	5.0	6500	1000.8	74.0	15.3	33.7	18.1

从表 5-8 可以看出，原油黏度（μ_o）和聚合物溶液与原油黏度比（μ_p/μ_o）对聚合物驱的驱增油效果（采收率）存在影响。在原油黏度相同条件下，随黏度比增大，采收率增加。在黏度比为 5.0 条件下，当原油黏度 μ_o=20mPa·s、40mPa·s、100mPa·s 和 200mPa·s 时聚合物驱的采收率增幅分别为 20.6%、19.7%、18.6%和18.1%。

（2）动态特征

在原油黏度 μ_o=20mPa·s、平均渗透率 K 平均=1.8μm² 条件下，实验过程中动态特征见图 5-16～图 5-18。

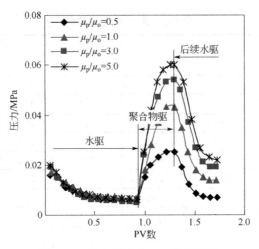

图 5-16　注入压力与 PV 数的关系

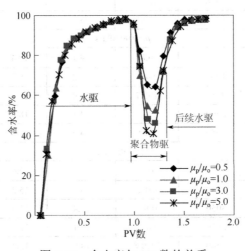

图 5-17　含水率与 PV 数的关系

可以看出，随黏度比增加，注入压力升高，含水下降，采收率增加，但增幅逐渐减小；在黏度比相同的条件下，随原油黏度减小，聚合物驱含水率下降，采收率增加。

5.3.3　岩心平均渗透率对聚合物驱增油效果的影响

（1）采收率

当岩心渗透率变异系数 V_K=0.72 时，平均渗透率对聚合物驱增油效果（采收率）影响实验结果见表 5-9。

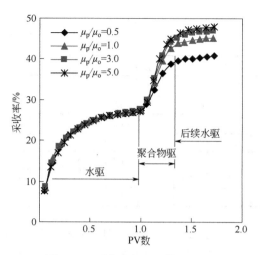

图 5-18　采收率与 PV 数的关系

表 5-9　采收率实验数据

黏度比 （μ_p/μ_o）	$K_{平均}=0.45\mu m^2$				$K_{平均}=0.9\mu m^2$				$K_{平均}=1.8\mu m^2$			
	方案 编号	采收率/%			方案 编号	采收率/%			方案 编号	采收率/%		
		水驱	化学驱	增幅		水驱	化学驱	增幅		水驱	化学驱	增幅
$\mu_o=20mPa\cdot s$												
0.04	5-1-0	23.1	—	—	4-1-0	25.5	—	—	6-1-0	27.3	—	—
0.5	5-1-1	22.8	35.0	11.9	4-1-1	24.9	37.9	12.4	6-1-1	26.8	40.8	13.5
1.0	5-1-2	22.9	39.4	16.3	4-1-2	24.9	42.5	17.0	6-1-2	27.0	45.3	18.0
3.0	5-1-3	22.7	40.8	17.7	4-1-3	24.8	43.9	18.4	6-1-3	27.1	47.0	19.7
5.0	5-1-4	22.8	41.6	18.5	4-1-4	25.0	44.8	19.3	6-1-4	26.6	47.9	20.6
$\mu_o=40mPa\cdot s$												
0.02	5-2-0	19.8	—	—	4-2-0	21.3	—	—	6-2-0	22.9	—	—
0.5	5-2-1	19.5	30.3	10.5	4-2-1	20.8	32.6	11.3	6-2-1	22.5	35.5	12.6
1.0	5-2-2	19.6	34.7	14.9	4-2-2	20.9	36.9	15.6	6-2-2	22.7	39.7	16.8
3.0	5-2-3	19.6	36.4	16.6	4-2-3	20.7	38.8	17.5	6-2-3	22.4	41.6	18.7
5.0	5-2-4	19.4	37.2	17.4	4-2-4	20.6	39.6	18.3	6-2-4	22.5	42.6	19.7
$\mu_o=100mPa\cdot s$												
0.008	5-3-0	15.9	—	—	4-3-0	17.3	—	—	6-3-0	18.4	—	—
0.5	5-3-1	15.8	25.4	9.5	4-3-1	17.0	27.6	10.3	6-3-1	18.2	29.9	11.5
1.0	5-3-2	15.9	29.9	14.0	4-3-2	17.2	32.0	14.7	6-3-2	18.0	34.1	15.7
3.0	5-3-3	15.8	31.4	15.5	4-3-3	17.1	33.6	16.3	6-3-3	18.3	36.0	17.6
5.0	5-3-4	15.6	32.1	16.2	4-3-4	16.8	34.4	17.1	6-3-4	18.2	37.0	18.6

黏度比 (μ_p/μ_o)	$K_{平均}=0.45\mu m^2$				$K_{平均}=0.9\mu m^2$				$K_{平均}=1.8\mu m^2$			
	方案编号	采收率/%			方案编号	采收率/%			方案编号	采收率/%		
		水驱	化学驱	增幅		水驱	化学驱	增幅		水驱	化学驱	增幅
$\mu_o=200mPa\cdot s$												
0.004	5-4-0	13.5	—	—	4-4-0	14.6	—	—	6-4-0	15.6	—	—
0.5	5-4-1	13.5	22.6	9.1	4-4-1	14.5	24.7	10.1	6-4-1	15.5	26.3	10.7
1.0	5-4-2	13.7	27.0	13.5	4-4-2	14.2	28.8	14.2	6-4-2	15.2	30.8	15.2
3.0	5-4-3	13.6	28.4	14.9	4-4-3	14.4	30.2	15.6	6-4-3	15.4	32.7	17.1
5.0	5-4-4	13.9	29.2	15.7	4-4-4	14.5	31.0	16.4	6-4-4	15.4	33.7	18.1

从表 5-9 可以看出，岩心平均渗透率对聚合物驱的采收率增幅存在影响。在黏度比相同条件下，随岩心平均渗透率增加，采收率增幅增大。当 $\mu_o=20mPa\cdot s$ 和 $\mu_p/\mu_o=5.0$ 时，平均渗透率为 $0.45\mu m^2$、$0.9\mu m^2$ 和 $1.8\mu m^2$ 时岩心聚合物驱采收率增幅分别为 18.5%、19.3%和 20.6%。

（2）动态特征

在原油黏度 $\mu_o=20mPa\cdot s$、黏度比 $\mu_p/\mu_o=1.0$ 和渗透率变异系数 $V_K=0.72$ 条件下，实验动态特征见图 5-19～图 5-21。

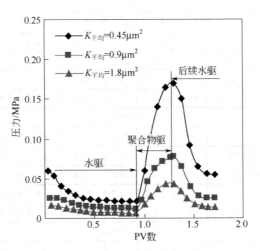

图 5-19　注入压力与 PV 数的关系

从图 5-19～图 5-21 可以看出，随聚合物溶液注入 PV 数增加，聚合物在多孔介质中滞留量增大，孔隙过流断面减小，流动阻力增大，注入压力升高。在后续水驱过程中，随注入 PV 数增加，聚合物滞留减少，孔隙过流断面增大，流动阻力减小，注入压力降低。进一步分析发现，随岩心平均渗透率增加，水驱和聚合物驱的采收率增幅增加。

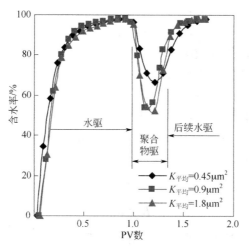

图 5-20　含水率与 PV 数的关系

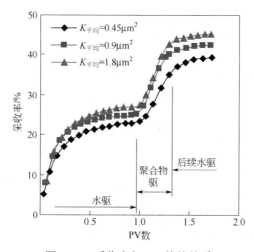

图 5-21　采收率与 PV 数的关系

5.4　聚合物驱技术经济界限分析

5.4.1　黏度比与流度比的关系

流度为驱替相与被驱替相的比值，即

$$M_{do}=\lambda_d/\lambda_o=(K_d/\mu_d)/(K_o/\mu_o) \tag{5-1}$$

式中　M_{do}——驱替液的流度与被驱替液（原油）的流度之比；

　　　λ_d——驱替液的流度；

　　　λ_o——被驱替液（原油）的流度；

　　　K_d——驱替液的有效渗透率；

　　　K_o——被驱替液的有效渗透率；

　　　μ_d——驱替液的黏度；

　　　μ_o——被驱替液（原油）的黏度。

相对渗透率为多相流体共存时每一相流体的有效渗透率与一个基准渗透率（K）的比值，即

$$K_{ro}=K_o/K$$

$$K_{rd}=K_d/K \tag{5-2}$$

式中　K_{ro}——被驱替液（原油）的相对渗透率；

　　　K_{rd}——驱替液的相对渗透率；

　　　K——基准渗透率；

　K_o，K_d——同式（5-1）中的含义。

将式（5-2）代入式（5-1）中，得

$$M_{do}=(K_{rd}K/\mu_d)/(K_{ro}K/\mu_o)$$

$$=(K_{rd}/\mu_d)/(K_{ro}/\mu_o)$$

$$=(K_{rd}/K_{ro})/(\mu_d/\mu_o) \tag{5-3}$$

因此，若设 K_{rd}/K_{ro} 为 X，则

$$M_{do}=X/(\mu_d/\mu_o) \tag{5-4}$$

即，流度比等于变量 X 与黏度比倒数的乘积。

大港油田港西开发区油水相对渗透率分析资料比较少，以下以港 119 井相渗透率资料为例，介绍黏度比与流度比的转换关系计算。

港 119 井明化镇组明三油组的相渗曲线见图 5-22。

在聚合物驱过程中，随采出程度和聚合物滞留量的变化，流度比会不断发生变化，即在不同时间岩心中不同位置处相渗透率都处于变化状态。为此，选定聚合物溶液注入初期为准，研究黏度比与流度比间的转化关系。

水驱结束时油藏含水饱和度及水相对渗透率和油相对渗透率见表 5-10。

根据公式（5-4）可得黏度比与流度比关系，见表 5-11。

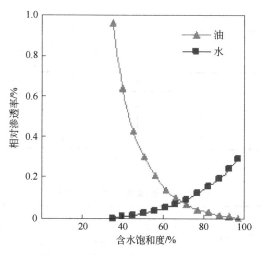

图 5-22　港 119 井油水相对渗透率

表 5-10　相对渗透率数据

原油黏度/(mPa·s)	含水饱和度/%	水相对渗透率	油相对渗透率
$K_{平均}$=0.9μm², V_K=0.43			
20	45.9	0.0260	0.3250
40	42.8	0.0200	0.4200
100	39.8	0.0140	0.5500
200	37.9	0.0108	0.6700
$K_{平均}$=0.9μm², V_K=0.59			
20	47.9	0.0240	0.3450
40	44.3	0.0160	0.4500
100	40.6	0.0117	0.6050
200	38.5	0.0090	0.7250
$K_{平均}$=0.9μm², V_K=0.72			
20	46.7	0.0215	0.3800
40	43.0	0.0145	0.5000
100	39.7	0.0105	0.6600
200	37.6	0.0070	0.7800
$K_{平均}$=0.45μm², V_K=0.72			
20	46.9	0.0205	0.4000
40	43.0	0.0160	0.5050
100	39.5	0.0110	0.6500
200	37.2	0.0090	0.7600

原油黏度/(mPa·s)	含水饱和度/%	水相对渗透率	油相对渗透率
$K_{平均}=1.8\mu m^2$，$V_K=0.72$			
20	46.9	0.0205	0.3700
40	43.0	0.0140	0.5000
100	39.5	0.0100	0.6600
200	37.2	0.0060	0.8000

表 5-11　黏度比与流度比关系

岩心参数		原油黏度/(mPa·s)	不同黏度比（μ_p/μ_o）下的流度比			
平均渗透率/μm^2	渗透率变异系数（V_K）		0.5	1.0	3.0	5.0
0.9	0.43	20	0.160	0.080	0.027	0.016
		40	0.095	0.048	0.016	0.010
		100	0.051	0.025	0.008	0.005
		200	0.032	0.016	0.005	0.003
	0.59	20	0.139	0.070	0.023	0.014
		40	0.071	0.036	0.012	0.007
		100	0.039	0.019	0.006	0.004
		200	0.025	0.012	0.004	0.002
	0.72	20	0.113	0.057	0.019	0.011
		40	0.058	0.029	0.010	0.006
		100	0.032	0.016	0.005	0.003
		200	0.018	0.009	0.003	0.002
0.45	0.72	20	0.103	0.051	0.017	0.010
		40	0.063	0.032	0.011	0.006
		100	0.034	0.017	0.006	0.003
		200	0.024	0.012	0.004	0.002
1.8	0.72	20	0.111	0.055	0.018	0.011
		40	0.056	0.028	0.009	0.006
		100	0.030	0.015	0.005	0.003
		200	0.015	0.008	0.003	0.002

　　采收率增幅与流度比关系见图 5-23。可以看出，随流度比减小，原油黏度降低，聚合物驱采收率增幅增大。

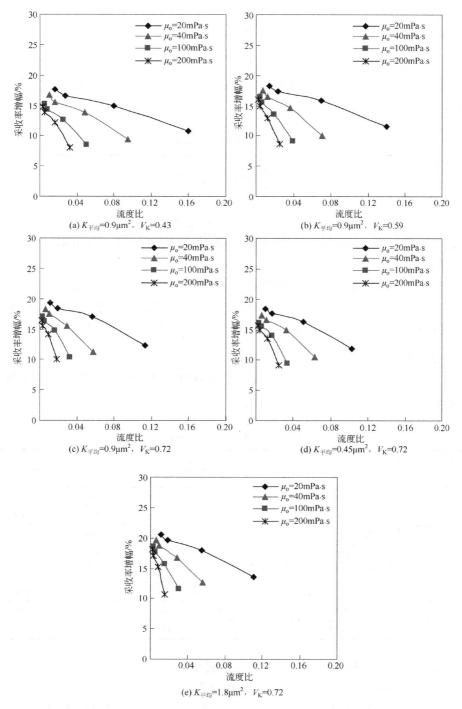

图 5-23　采收率增幅与流度比关系

5.4.2 聚合物驱技术经济界限分析

（1）地质模型建立

依据大港油田港西三区地质特征建立典型地质模型，据此进行增油量和产值预测。模型参数设计见表 5-12。

表 5-12 地质模型参数

注水方式	井距/m	有效厚度/m	孔隙度/%	含油饱和度/%	采出程度/%	含水率/%
五点法	200×200	5	30.5	72.0	38.35	92.0

依据表 5-12 提供油藏几何尺寸、孔隙度和含油饱和度，计算典型地质模型孔隙体积为 200m×200m×5m×30.5%=61000m³，地质储量为 61000m³×72.0%=43920m³。

矿场采收率增加值以物理模拟实验结果为基础，参考大庆油田矿场试验数据与室内实验结果间统计关系，修正系数为 0.5。油价依据 2013 年 6 月 18 日布伦特国际原油期货价格 105.68 美元/桶，即折合人民币价格为 4138.7 元/m³。

（2）药剂费用

聚合物价格为 1.8 万元/t，段塞尺寸 0.38PV，聚合物溶液费用计算结果见表 5-13。

表 5-13 聚合物溶液价格（税率 17%）

原油黏度 /(mPa·s)	聚合物浓度及其费用	不同黏度比（μ_p/μ_o）下的浓度及价格			
		0.5	1.0	3.0	5.0
20	聚合物浓度/(mg/L)	990	1300	2000	2250
	驱油剂费用/万元	39.5	51.9	79.9	89.9
40	聚合物浓度/(mg/L)	1300	1700	2400	3050
	驱油剂费用/万元	51.9	67.9	95.9	121.8
100	聚合物浓度/(mg/L)	1900	2250	3700	4650
	驱油剂费用/万元	75.9	89.9	147.8	185.7
200	聚合物浓度/(mg/L)	2250	3050	5050	6500
	驱油剂费用/万元	89.9	121.8	201.7	259.6

（3）黏度比与聚合物驱技术经济效益关系

① 平均渗透率 $K_{平均}$=0.9μm²，V_K=0.43 时的"产出/投入"比

在段塞尺寸 0.38PV 和操作费用为 115.9 万元条件下，流度（黏度）比与聚

合物驱"产出/投入"比关系见表5-14。

表5-14 黏度比与"产出/投入"关系（一）

黏度比	聚合物浓度/(mg/L)	采收率增值/%	原油产值/万元	投入总费用/万元	产出/投入
$\mu_o=20\text{mPa·s}$					
0.5	990	5.40	981.6	155.4	6.31
1.0	1300	7.50	1363.3	167.8	8.12
3.0	2000	8.30	1508.7	195.8	7.71
5.0	2250	8.80	1599.6	205.8	7.77
$\mu_o=40\text{mPa·s}$					
0.5	1300	4.75	863.4	167.8	5.14
1.0	1700	6.90	1254.2	183.8	6.82
3.0	2400	7.80	1417.8	211.8	6.70
5.0	3050	8.35	1517.8	237.7	6.38
$\mu_o=100\text{mPa·s}$					
0.5	1900	4.25	772.5	191.8	4.03
1.0	2250	6.35	1154.2	205.8	5.61
3.0	3700	7.15	1299.7	263.7	4.93
5.0	4650	7.65	1390.5	301.6	4.61
$\mu_o=200\text{mPa·s}$					
0.5	2250	4.00	727.1	205.8	3.53
1.0	3050	6.10	1108.8	237.7	4.66
3.0	5050	6.90	1254.2	317.6	3.95
5.0	6500	7.40	1345.1	375.5	3.58

从表5-14可以看出，随流度比减小（即黏度比增加），原油产值和聚合物药剂价格逐渐增加，"产出/投入"呈先上升后下降趋势。从技术效果及经济效益考虑，推荐矿场合理黏度比为1.0。

② 平均渗透率 $K_{平均}=0.9\mu m^2$，$V_K=0.59$ 时的"产出/投入"比

流度（黏度）比与聚合物驱"产出/投入"比关系见表5-15。

表5-15 黏度比与"产出/投入"关系（二）

黏度比	聚合物浓度/(mg/L)	采收率增值/%	原油产值/万元	投入总费用/万元	产出/投入
$\mu_o=20\text{mPa·s}$					
0.5	990	5.75	1045.2	155.4	6.72
1.0	1300	7.90	1436.0	167.8	8.56
3.0	2000	8.65	1572.3	195.8	8.03
5.0	2250	9.15	1663.2	205.8	8.08

黏度比	聚合物浓度/(mg/L)	采收率增值/%	原油产值/万元	投入总费用/万元	产出/投入
$\mu_o=40\text{mPa·s}$					
0.5	1300	5.05	917.9	167.8	5.47
1.0	1700	7.30	1326.9	183.8	7.22
3.0	2400	8.25	1499.6	211.8	7.08
5.0	3050	8.75	1590.5	237.7	6.69
$\mu_o=100\text{mPa·s}$					
0.5	1900	4.55	827.1	191.8	4.31
1.0	2250	6.75	1227.0	205.8	5.96
3.0	3700	7.75	1408.7	263.7	5.34
5.0	4650	8.25	1499.6	301.6	4.97
$\mu_o=200\text{mPa·s}$					
0.5	2250	4.35	790.7	205.8	3.84
1.0	3050	6.5	1181.5	237.7	4.97
3.0	5050	7.5	1363.3	317.6	4.29
5.0	6500	8	1454.2	375.5	3.87

从表 5-15 可以看出，流度（黏度）比对"产出/投入"存在影响。随流度比减小（即黏度比增加），原油产值和聚合物药剂价格逐渐增加，"产出/投入"呈"先升后降"变化趋势，"黏度比"等于 1 时"产出/投入"比值最大。

③ 平均渗透率 $K_{平均}=0.9\mu\text{m}^2$，$V_K=0.72$ 时的"产出/投入"比

流度（黏度）比与聚合物驱"产出/投入"比关系见表 5-16。

表 5-16 黏度比与"产出/投入"关系（三）

黏度比	聚合物浓度/(mg/L)	采收率增值/%	原油产值/万元	投入总费用/万元	产出/投入
$\mu_o=20\text{mPa·s}$					
0.5	990	6.20	1127.0	155.4	7.25
1.0	1300	8.50	1545.1	167.8	9.21
3.0	2000	9.20	1672.3	195.8	8.54
5.0	2250	9.65	1754.1	205.8	8.52
$\mu_o=40\text{mPa·s}$					
0.5	1300	5.65	1027.0	167.8	6.12
1.0	1700	7.80	1417.8	183.8	7.71
3.0	2400	8.75	1590.5	211.8	7.51
5.0	3050	9.15	1663.2	237.7	7.00

黏度比	聚合物浓度/(mg/L)	采收率增值/%	原油产值/万元	投入总费用/万元	产出/投入
μ_o=100mPa·s					
0.5	1900	5.15	936.1	191.8	4.88
1.0	2250	7.35	1336.0	205.8	6.49
3.0	3700	8.15	1481.4	263.7	5.62
5.0	4650	8.55	1554.1	301.6	5.15
μ_o=200mPa·s					
0.5	2250	5.05	917.9	205.8	4.46
1.0	3050	7.10	1290.6	237.7	5.43
3.0	5050	7.80	1417.8	317.6	4.46
5.0	6500	8.20	1490.5	375.5	3.97

从表 5-16 可以看出，随流度比减小（即黏度比增加），原油产值和聚合物药剂价格逐渐增加，"产出/投入"呈先上升后下降趋势，"黏度比"等于 1 时"产出/投入"比值最大。

④ 平均渗透率 $K_{平均}$=0.45μm²，V_K=0.72 时的"产出/投入"比

黏度比与聚合物驱"产出/投入"比关系见表 5-17。

表 5-17 黏度比与"产出/投入"关系（四）

黏度比	聚合物浓度/(mg/L)	采收率增值/%	原油产值/万元	投入总费用/万元	产出/投入
μ_o=20mPa·s					
0.5	990	5.95	1081.5	155.4	6.96
1.0	1300	8.15	1481.4	167.8	8.83
3.0	2000	8.85	1608.7	195.8	8.22
5.0	2250	9.25	1681.4	205.8	8.17
μ_o=40mPa·s					
0.5	1300	5.25	954.3	167.8	5.69
1.0	1700	7.45	1354.2	183.8	7.37
3.0	2400	8.30	1508.7	211.8	7.12
5.0	3050	8.70	1581.4	237.7	6.65
μ_o=100mPa·s					
0.5	1900	4.75	863.4	191.8	4.50
1.0	2250	7.00	1272.4	205.8	6.18
3.0	3700	7.75	1408.7	263.7	5.34
5.0	4650	8.10	1472.3	301.6	4.88

黏度比	聚合物浓度/(mg/L)	采收率增值/%	原油产值/万元	投入总费用/万元	产出/投入
μ_o=200mPa·s					
0.5	2250	4.55	827.1	205.8	4.02
1.0	3050	6.75	1227.0	237.7	5.16
3.0	5050	7.45	1354.2	317.6	4.26
5.0	6500	7.85	1426.9	375.5	3.80

从表 5-17 可以看出，随流度比减小（即黏度比增加），原油产值和聚合物药剂价格逐渐增加，"产出/投入"呈现"先升后降"变化趋势，"黏度比"等于 1 时"产出/投入"比值最大。

⑤ 平均渗透率 $K_{平均}$=1.8μm^2，V_K=0.72 时的"产出/投入"比

流度（黏度）比与聚合物驱"产出/投入"比关系见表 5-18。

表 5-18　黏度比与"产出/投入"关系（五）

黏度比	聚合物浓度/(mg/L)	采收率增值/%	原油产值/万元	投入总费用/万元	产出/投入
μ_o=20mPa·s					
0.5	990	6.75	1227.0	155.4	7.89
1.0	1300	9.00	1635.9	167.8	9.75
3.0	2000	9.85	1790.4	195.8	9.15
5.0	2250	10.30	1872.2	205.8	9.10
μ_o=40mPa·s					
0.5	1300	6.30	1145.2	167.8	6.82
1.0	1700	8.40	1526.9	183.8	8.31
3.0	2400	9.35	1699.6	211.8	8.03
5.0	3050	9.85	1790.4	237.7	7.53
μ_o=100mPa·s					
0.5	1900	5.75	1045.2	191.8	5.45
1.0	2250	7.85	1426.9	205.8	6.93
3.0	3700	8.80	1599.6	263.7	6.07
5.0	4650	9.30	1690.5	301.6	5.60
μ_o=200mPa·s					
0.5	2250	5.35	972.5	205.8	4.73
1.0	3050	7.60	1381.5	237.7	5.81
3.0	5050	8.55	1554.1	317.6	4.89
5.0	6500	9.05	1645.0	375.5	4.38

从表 5-18 可以看出，流度（黏度）比对"产出/投入"比存在影响。随流度比减小（即黏度比增加），原油产值和聚合物药剂价格逐渐增加，"产出/投入"比呈先上升后下降趋势，"黏度比"等于 1 时"产出/投入"比值最大。

综上所述，从技术和经济效益角度考虑，聚合物驱合理黏度比应在 1 左右。

5.5 小结

① 随黏度比、岩心平均渗透率和渗透率变异系数增加，聚合物驱采收率增大。随原油黏度增大，聚合物驱采收率降低。

② 从技术经济效益角度考虑，聚合物驱合理黏度比（μ_p/μ_o）为 1 左右。

第 **6** 章

聚合物/表面活性剂二元体系
的驱油效率及影响因素

6.1 测试条件

6.1.1 实验材料

聚合物为部分水解聚丙烯酰胺（HTPW-112），分子量 2.5×10^7，固含量 88%，由中国石油大港油田采油工艺研究院提供。表面活性剂为非离子表面活性剂 DWS，有效含量为 40%，大港油田采油工艺研究院提供。

溶剂水为大港油田港西三区注入水，水质分析见表 2-1。

实验岩心为石英砂环氧树脂胶结人造均质岩心（几何尺寸：高×宽×长= 4.5cm×4.5cm×30cm），岩心主要物性参数（几何尺寸、表面润湿性、渗透率变异系数、渗透率和孔隙度等）依据试验区油藏储层地质特征确定。岩心气测渗透率分别为 $0.3\mu m^2$、$0.9\mu m^2$ 和 $2.7\mu m^2$。

6.1.2 仪器设备

采用布氏黏度计测量驱油剂视黏度，采用旋滴界面张力仪测量驱油剂与原油间界面张力。

采用岩心驱替实验装置测试驱油剂驱油效率，实验装置主要包括平流泵、压力传感器、岩心夹持器、手摇泵和中间容器等部件，除平流泵和手摇泵外，其他部分置于 53℃恒温箱内。实验步骤：

① 在室温下，岩心抽真空，饱和地层水，计算孔隙体积；

② 在 53℃条件下，水驱，计算水测渗透率；

③ 在 53℃条件下，饱和模拟油，计算含油饱和度；

④ 在 53℃条件下，水驱到含水率 98%，计算水驱采收率；

⑤ 在 53℃条件下，注入 0.38PV 二元体系，后续水驱到含水率 98%，计算化学驱采收率。

6.2 黏度比（μ_p/μ_o）对驱油效率的影响

6.2.1 原油黏度 20mPa·s 时，黏度比对驱油效率的影响

（1）采收率

原油黏度 μ_o=20mPa·s，0.38PV 条件下，黏度比（μ_p/μ_o）对驱油效率（采收率）影响实验结果见表 6-1。

表 6-1 采收率实验数据（μ_{o1}=20mPa·s，0.38PV）

方案编号	渗透率 K_g/μm²	黏度比 (μ_p/μ_o)	工作黏度 /(mPa·s)	界面张力 /(mN/m)	含油饱和度/%	采收率/%		采收率增幅/%
						水驱	化学驱	
3-0		—	—	—	70.9	35.7	—	—
3-1		0.1	2.2	$2.357×10^{-3}$	70.3	35.0	41.8	6.1
3-2		0.6	11.2	$1.728×10^{-3}$	70.5	34.1	43.2	7.5
3-3	0.3	0.8	16.1	$1.243×10^{-3}$	70.8	34.8	44.8	9.1
3-4		0.9	18.8	$1.217×10^{-3}$	71.3	34.1	45.4	9.7
3-5		1.9	37.6	$1.250×10^{-3}$	70.7	33.7	48.3	12.6
3-6		3.7	74.1	$5.834×10^{-3}$	71.4	34.0	51.8	16.1
3-7		8.3	165.8	$7.749×10^{-3}$	71.1	34.5	53.5	17.8
5-0		—	—	—	72.5	39.2	—	—
5-1		0.1	2.1	$2.845×10^{-3}$	72.5	37.7	46.4	7.2
5-2		0.6	11.1	$1.845×10^{-3}$	72.4	37.9	49.2	10.0
5-3		0.8	15.9	$1.366×10^{-3}$	72.3	37.1	49.3	10.1
5-4	0.9	0.9	18.9	$1.724×10^{-3}$	72.6	37.7	51.2	12.0
5-5		1.9	38.1	$1.125×10^{-3}$	72.7	37.6	55.4	16.2
5-6		3.7	74.7	$5.523×10^{-3}$	72.4	38.0	59.2	20.0
5-7		8.3	166.1	$8.012×10^{-3}$	72.3	37.2	59.7	20.5
7-0		—	—	—	75.9	44.1	—	—
7-1		0.1	2.2	$2.152×10^{-3}$	75.0	42.0	53.3	9.2
7-2		0.6	11.4	$1.562×10^{-3}$	75.9	42.3	56.3	12.2
7-3		0.8	16.5	$1.412×10^{-3}$	75.6	42.5	57.4	13.3
7-4	2.7	0.9	18.8	$1.403×10^{-3}$	76.1	42.4	58.9	14.8
7-5		1.9	38.5	$1.650×10^{-3}$	76.7	42.4	63.7	19.6
7-6		3.7	73.8	$6.131×10^{-3}$	76.3	42.2	66.6	22.5
7-7		8.3	166.6	$7.751×10^{-3}$	75.6	42.1	67.6	23.5

从表 6-1 可以看出，黏度比（μ_p/μ_o）和岩心渗透率对二元体系驱油效率（采收率）存在影响。在岩心渗透率相同条件下，随黏度比增大，采收率增加。当黏度比为 8.3 时，二元复合驱采收率增幅最大，岩心渗透率为 0.3μm²、0.9μm²

和 $2.7\mu m^2$ 时采收率增幅分别为 17.8%、20.5% 和 23.5%。在黏度比相同条件下，随渗透率增加，采收率增大。

综上所述，增加黏度比有利于提高二元复合驱的驱油效率。

（2）动态特征

实验过程中注入压力、含水率和采收率与 PV 数的关系见图 6-1～图 6-3。

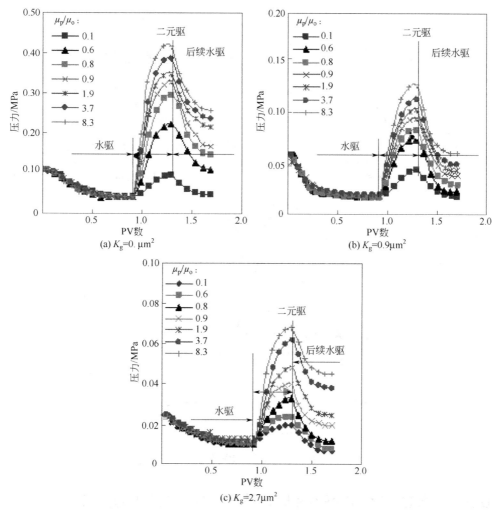

图 6-1 注入压力与 PV 数的关系

从图 6-1～图 6-3 可以看出，在二元体系注入阶段，随注入 PV 数增加，化学药剂在岩心中滞留量增大，孔隙过流断面减小，流动阻力增加，注入压力升高并趋于稳定。在渗透率相同的条件下，随黏度比（μ_p/μ_o）增加，注入压力升幅增加，含水率降幅增大，采收率增幅增大。

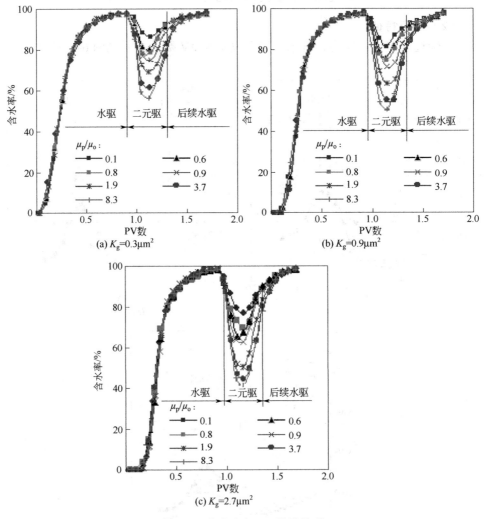

图 6-2　含水率与 PV 数的关系

6.2.2　原油黏度 40mPa·s 时，黏度比对驱油效果的影响

（1）采收率

原油黏度 μ_o=40mPa·s，0.38PV 条件下，黏度比（μ_p/μ_o）对驱油效率（采收率）影响实验结果见表 6-2。

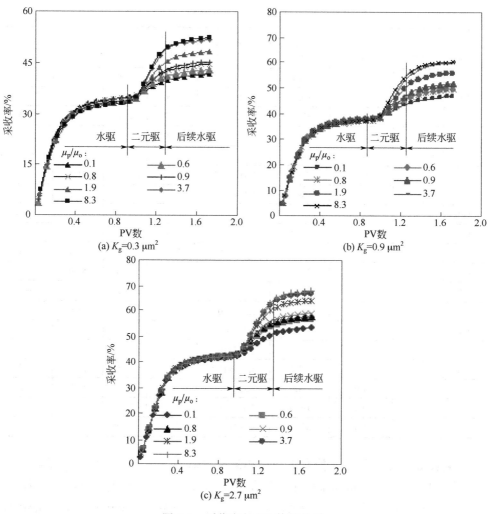

图 6-3 采收率与 PV 数的关系

表 6-2 采收率实验数据（μ_o=40mPa·s，0.38PV）

方案编号	渗透率 $K_g/\mu m^2$	黏度比（μ_p/μ_o）	工作黏度 /(mPa·s)	界面张力 /(mN/m)	含油饱和度/%	采收率/%		采收率增幅/%
						水驱	化学驱	
4-0		—	—	—	71.5	29.3	—	
4-1		0.1	4.4	1.294×10^{-3}	71.4	27.8	33.2	3.9
4-2	0.3	0.6	23.0	1.212×10^{-3}	70.7	28.5	35.9	6.6
4-3		1.0	38.1	1.250×10^{-3}	71.1	27.7	36.0	6.7
4-4		1.4	57.8	3.796×10^{-3}	70.6	28.4	38.5	9.2

方案编号	渗透率 $K_g/\mu m^2$	黏度比 (μ_p/μ_o)	工作黏度 /(mPa·s)	界面张力 /(mN/m)	含油饱和度/%	采收率/%		采收率增幅/%
						水驱	化学驱	
4-5	0.3	1.9	74.1	5.834×10^{-3}	71.3	28.0	41.1	11.8
4-6		4.1	165.8	7.749×10^{-3}	71.0	28.3	43.5	14.2
4-7		8.3	331.9	8.211×10^{-3}	70.7	27.7	44.3	15.0
6-0	0.9	—	—	—	73.0	34.0	—	—
6-1		0.1	4.5	1.325×10^{-3}	72.6	32.4	39.2	5.2
6-2		0.6	23.5	1.312×10^{-3}	72.5	32.1	41.2	7.2
6-3		1.0	38.7	1.314×10^{-3}	73.3	33.0	43.3	9.3
6-4		1.4	57.9	3.911×10^{-3}	73.5	32.4	44.8	10.8
6-5		1.9	74.2	5.142×10^{-3}	73.0	33.2	48.5	14.5
6-6		4.1	166.3	7.802×10^{-3}	72.6	32.8	51.4	17.4
6-7		8.3	331.0	7.951×10^{-3}	73.2	32.6	52.9	18.9
8-0	2.7	—	—	—	77.0	38.5	—	—
8-1		0.1	4.2	1.299×10^{-3}	77.0	36.8	45.6	7.1
8-2		0.6	22.8	1.201×10^{-3}	77.4	36.3	47.8	9.3
8-3		1.0	38.5	1.355×10^{-3}	76.8	37.4	50.4	11.9
8-4		1.4	57.2	3.105×10^{-3}	77.0	37.5	52.7	14.2
8-5		1.9	74.9	5.998×10^{-3}	76.5	37.0	55.7	17.2
8-6		4.1	165.1	7.098×10^{-3}	76.8	37.2	59.4	20.9
8-7		8.3	332.7	8.567×10^{-3}	77.2	36.4	60.7	22.2

从表 6-2 可以看出，黏度比和岩心渗透率对二元体系驱油效率（采收率）存在影响。在渗透率相同条件下，随黏度比增大，采收率增大。当黏度比为 8.3 时，二元复合驱采收率增幅最大，岩心渗透率为 $0.3\mu m^2$、$0.9\mu m^2$ 和 $2.7\mu m^2$ 时采收率增幅分别为 15.0%、18.9% 和 22.2%。在黏度比相同的条件下，随岩心渗透率增加，采收率增加。

（2）动态特征

实验过程中压力、含水率和采收率与 PV 数的关系见图 6-4～图 6-6。

从图 6-4～图 6-6 可以看出，在二元复合体系注入阶段，随注入 PV 数增加，化学药剂在岩心中滞留量增大，孔隙过流断面减小，流动阻力增加，注入压力升高并趋于稳定。在渗透率一定条件下，随黏度比增大，注入压力升高，含水率降低，采收率增加。

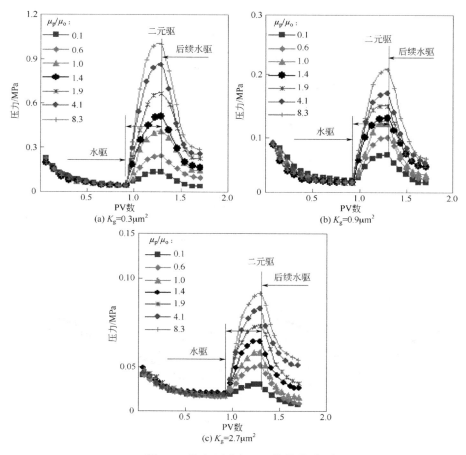

图 6-4　注入压力与 PV 数的关系

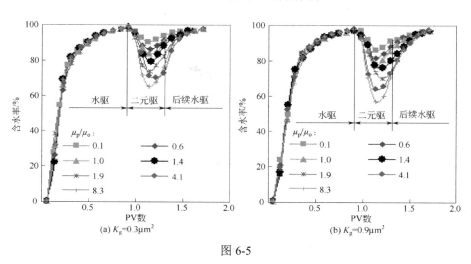

图 6-5

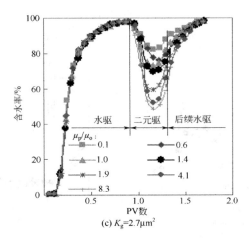

(c) $K_g=2.7\mu m^2$

图 6-5　含水率与 PV 数的关系

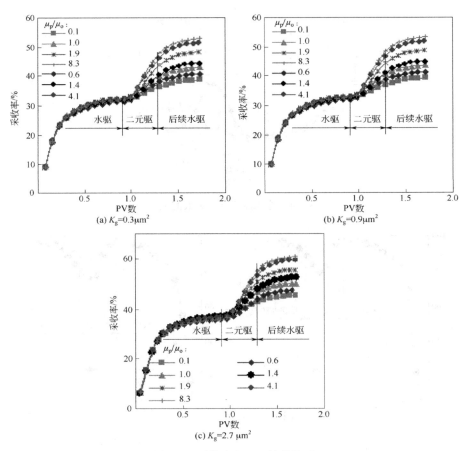

(a) $K_g=0.3\mu m^2$

(b) $K_g=0.9\mu m^2$

(c) $K_g=2.7\ \mu m^2$

图 6-6　采收率与 PV 数的关系

6.3 原油黏度和驱油剂类型对驱油效率的影响

6.3.1 原油黏度对驱油效率的影响

（1）采收率

原油黏度 $\mu_{o1}=20\text{mPa·s}$，$\mu_{o2}=40\text{mPa·s}$，0.38PV 条件下，黏度比对驱油效率（采收率）影响实验结果见表 6-3。

表 6-3　采收率实验数据

渗透率 $K_g/\mu m^2$	黏度比 (μ_p/μ_{o1})	采收率/%		采收率增幅/%	黏度比 (μ_p/μ_{o2})	采收率/%		采收率增幅/%
		水驱	化学驱			水驱	化学驱	
0.3	—	35.7	—	—	—	29.3	—	—
	0.1	35.0	41.8	5.0	0.1	27.8	33.1	3.9
	0.6	34.1	43.2	1.0	0.6	28.6	35.8	6.6
	0.8	34.8	44.8	0.8	1.0	27.7	36.0	6.7
	0.9	34.1	45.4	0.6	1.4	28.4	38.4	9.2
	1.9	33.7	48.3	0.4	1.9	28.0	41.0	11.8
	3.7	34.0	51.8	0.2	4.1	28.3	43.5	14.2
	8.3	34.5	53.5	17.8	8.3	27.7	44.5	15.0
0.9	—	39.2	—	—	—	34.0	—	—
	0.1	37.7	46.4	7.2	0.1	32.4	39.2	5.2
	0.6	37.9	49.2	10.0	0.6	32.1	41.2	7.2
	0.8	37.1	49.3	10.1	1.0	33.0	43.3	9.3
	0.9	37.7	51.2	12.0	1.4	32.4	44.8	10.8
	1.9	37.6	55.4	16.2	1.9	33.2	48.5	14.5
	3.7	38.0	59.2	20.0	4.1	32.8	51.4	17.4
	8.3	37.2	59.7	20.5	8.3	32.6	52.9	18.9
2.7	—	44.1	—	—	—	38.5	—	—
	0.1	42.0	53.3	9.2	0.1	36.8	45.6	7.1
	0.6	42.3	56.3	12.2	0.6	36.3	47.8	9.3
	0.8	42.5	57.4	13.3	1.0	37.4	50.4	11.9
	0.9	42.4	58.9	14.8	1.4	37.5	52.7	14.2
	1.9	42.4	63.7	19.6	1.9	37.0	55.7	17.2
	3.7	42.2	66.6	22.5	4.1	37.2	59.4	20.9
	8.3	42.1	67.6	23.5	8.3	36.4	60.7	22.2

从表 6-3 可以看出，在黏度比（μ_p/μ_o）相同条件下，原油黏度对二元复合体系驱油效率（采收率）存在影响。在岩心渗透率和黏度比相同条件下，随原

油黏度降低，水驱和二元复合驱采收率都增加。在黏度比等于 8.3 条件下，当原油黏度为 20mPa·s 时，岩心渗透率为 $0.3\mu m^2$、$0.9\mu m^2$ 和 $2.7\mu m^2$ 时的采收率增幅分别为 17.8%、20.5% 和 23.5%。当原油黏度为 40mPa·s 时，$0.3\mu m^2$、$0.9\mu m^2$ 和 $2.7\mu m^2$ 的采收率增幅分别为 15.0%、18.9% 和 22.2%。

综上所述，在黏度比相同条件下，随原油黏度降低，二元复合驱采收率增加。

（2）动态特征

在原油黏度不同条件下，实验过程中注入压力、含水率和采收率与 PV 数的关系对比见图 6-7～图 6-15。

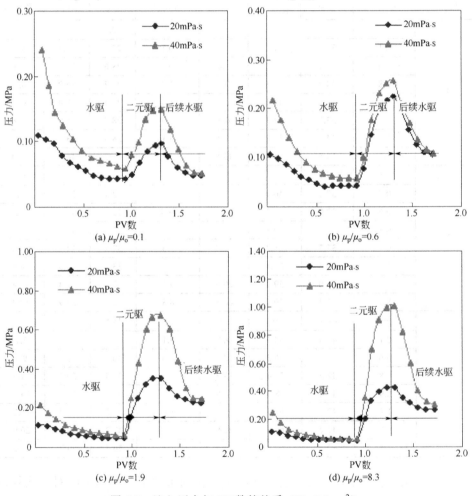

图 6-7　注入压力与 PV 数的关系（$K_g=0.3\mu m^2$）

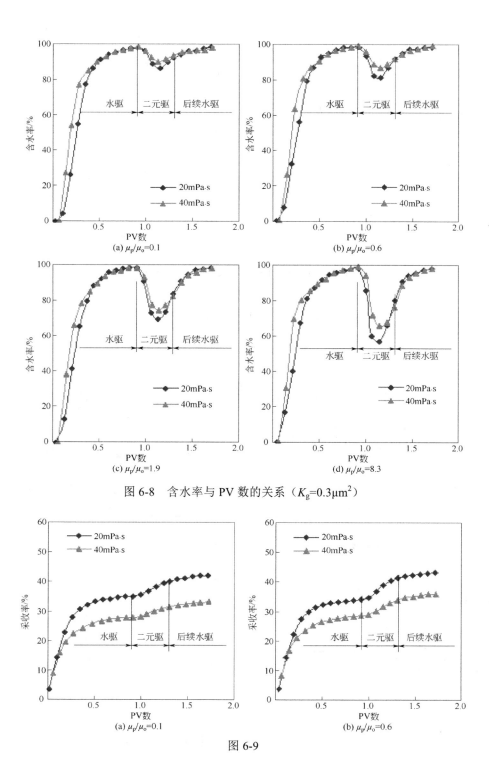

图 6-8 含水率与 PV 数的关系（K_g=0.3μm^2）

图 6-9

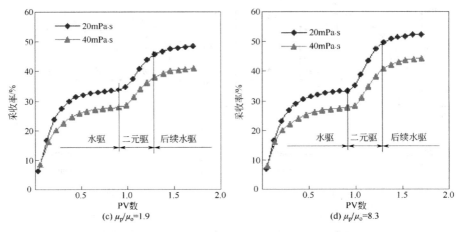

(c) $\mu_p/\mu_o=1.9$ 　　　　　(d) $\mu_p/\mu_o=8.3$

图 6-9　采收率与 PV 数的关系（$K_g=0.3\mu m^2$）

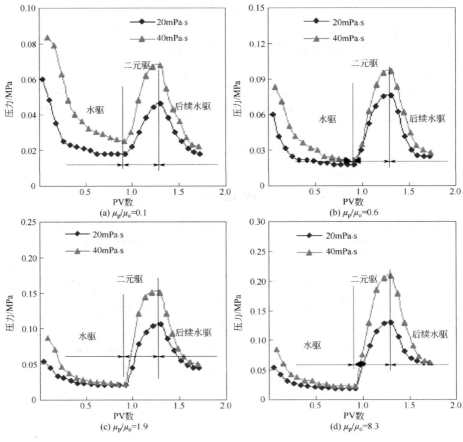

(a) $\mu_p/\mu_o=0.1$ 　　　　　(b) $\mu_p/\mu_o=0.6$

(c) $\mu_p/\mu_o=1.9$ 　　　　　(d) $\mu_p/\mu_o=8.3$

图 6-10　注入压力与 PV 数的关系（$K_g=0.9\mu m^2$）

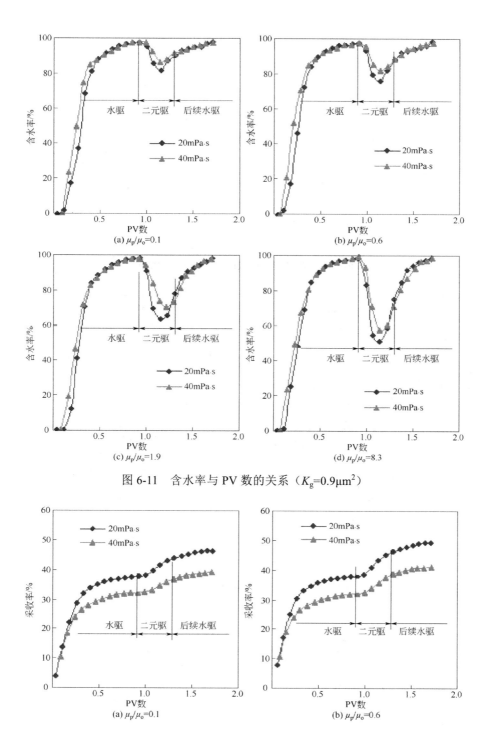

图 6-11　含水率与 PV 数的关系（$K_g=0.9\mu m^2$）

图 6-12

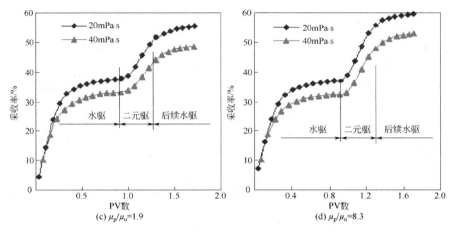

(c) $\mu_p/\mu_o=1.9$ (d) $\mu_p/\mu_o=8.3$

图 6-12　采收率与 PV 数的关系（$K_g=0.9\mu m^2$）

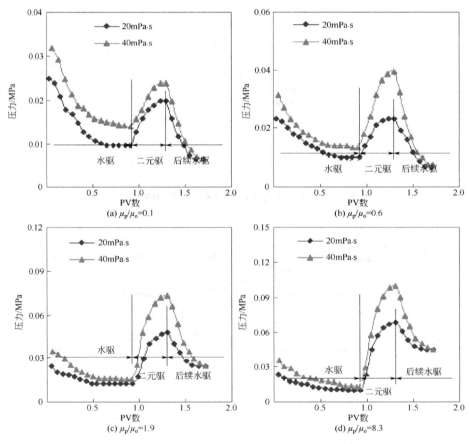

(a) $\mu_p/\mu_o=0.1$ (b) $\mu_p/\mu_o=0.6$

(c) $\mu_p/\mu_o=1.9$ (d) $\mu_p/\mu_o=8.3$

图 6-13　注入压力与 PV 数的关系（$K_g=2.7\mu m^2$）

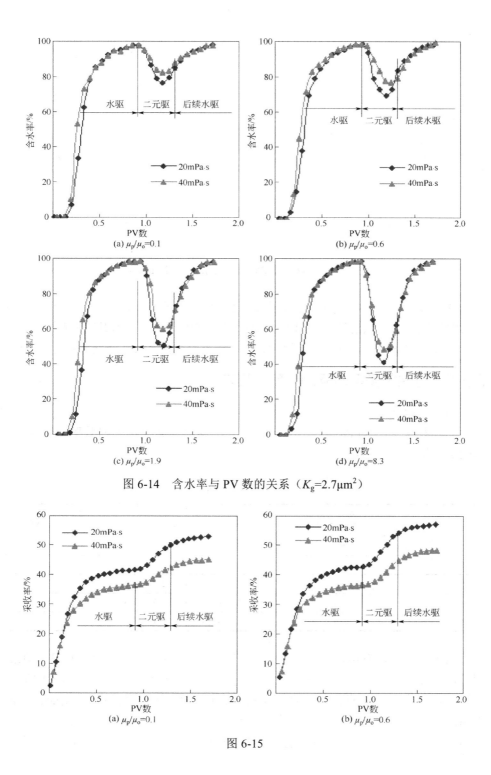

图6-14 含水率与PV数的关系（K_g=2.7μm²）

图6-15

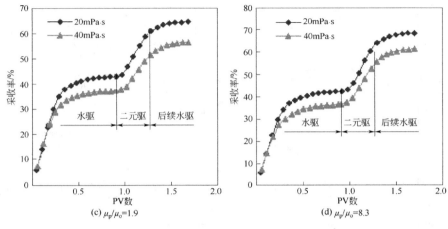

(c) $\mu_p/\mu_o=1.9$ (d) $\mu_p/\mu_o=8.3$

图 6-15 采收率与 PV 数的关系（$K_g=2.7\mu m^2$）

从图 6-7～图 6-15 可以看出，随二元体系注入量增加，化学剂在多孔介质中滞留量增加，孔隙过流断面减小，流动阻力增大，注入压力升高并趋于稳定。在渗透率相同条件下，随黏度比增大，注入压力增加，含水率降低，采收率增加。

6.3.2 驱油剂类型对驱油效率的影响

（1）采收率

原油黏度 $\mu_o=20mPa\cdot s$，0.38PV 条件下，驱油剂类型对驱油效率（采收率）影响实验结果见表 6-4。

表 6-4 采收率

方案编号	驱油剂组成		工作黏度/(mPa·s)	界面张力/(mN/m)	含油饱和度/%	采收率/%		采收率增幅/%
	聚合物浓度/(mg/L)	表面活性剂/%				水驱	化学驱	
5-0	—	—	—	—	72.5	39.2	—	—
5-8	850	—	11.2	—	72.3	37.5	46.7	7.5
5-9	—	0.20	—	1.621×10^{-3}	72.5	37.7	41.3	2.1
5-2	850	0.20	11.1	1.845×10^{-3}	72.4	37.9	49.2	10.0

从表 6-4 可以看出，驱油剂类型对化学驱驱油效率存在影响。在 3 种驱油剂中，二元复合体系采收率增幅最大，其次是聚合物溶液，再其次是表面活性剂溶液。与聚合物溶液和二元复合体系相比较，表面活性剂溶液黏度低、洗油效率高，它不仅不能增加流动阻力，而且导致注入压力降低，表面活性剂溶液仍然沿水流通道流动，没有扩大波及体积作用，采收率增幅仅 2.1%。进一步分

析发现,二元复合驱采收率增幅大于聚合物驱与表面活性剂驱采收率增幅之和。由此可见，聚合物携带表面活性剂进入更多岩心孔隙体积，使表面活性剂洗油作用得到有效发挥，产生协调效应。

（2）动态特征

渗透率 $K_g=0.9\mu m^2$，原油黏度 $\mu_o=20mPa\cdot s$，黏度比 $\mu_p/\mu_o=0.6$ 条件下，实验过程中压力、含水率和采收率与 PV 数的关系见图 6-16～图 6-18。

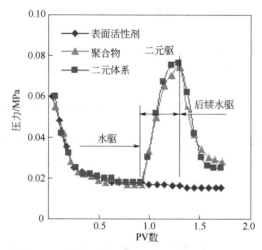

图 6-16　注入压力与 PV 数的关系（$K_g=0.9\mu m^2$，$\mu_p/\mu_{o1}=0.6$）

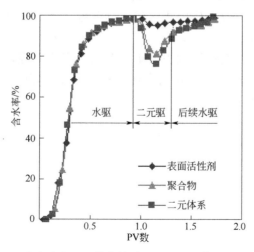

图 6-17　含水率与 PV 数的关系（$K_g=0.9\mu m^2$，$\mu_p/\mu_{o1}=0.6$）

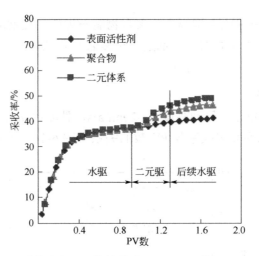

图 6-18　采收率与 PV 数的关系（$K_g=0.9\mu m^2$，$\mu_p/\mu_{o1}=0.6$）

从图 6-16～图 6-18 可以看出，在 3 种驱油剂中，二元体系和聚合物溶液注入压力升幅大，表面活性剂溶液注入压力呈下降趋势。

6.4　小结

① 在岩心渗透率相同的条件下，随黏度比增大，采收率增加。随原油黏度减小，水驱和二元复合驱采收率增加。

② 与驱油剂洗油效率作用相比较，其流度控制（扩大波及体积）作用对采收率的贡献率较大。

③ 聚合物携带表面活性剂进入更大范围的岩心孔隙，这一方面扩大了波及体积，同时也增加了波及区域内含油饱和度的降低幅度，二者协同作用极大地提高了原油采收率。

第7章

聚合物/表面活性剂二元复合驱的油藏适应性及影响因素

7.1 测试条件

7.1.1 实验材料

聚合物为部分水解聚丙烯酰胺（HTPW-112），分子量 2.5×10^7，固含量 88%，由中国石油大港油田采油工艺研究院提供。表面活性剂为非离子型表面活性剂（DWS），有效含量为 40%，由大港油田采油工艺研究院提供。

溶剂水为大港油田港西三区注入水，水质分析见表 2-1。

岩心为石英砂环氧树脂胶结非均质人造岩心，岩心包括高、中、低 3 个渗透层，外观几何尺寸：高×宽×长=4.5cm×4.5cm×30cm，各个小层厚度 1.5cm。岩心物性参数如表面润湿性、渗透率变异系数、渗透率和孔隙度等与目标油藏相近。岩心平均渗透率和渗透率变异系数设计见表 7-1。

表 7-1　岩心渗透率变异系数 V_K 与小层渗透率 K_g

$K_g/\mu m^2$　　　V_K　　　类型		0.25	0.59	0.72
$K_{平均}=0.5\mu m^2$	低渗透层	0.33	0.1	0.06
	中渗透层	0.5	0.3	0.22
	高渗透层	0.67	1.2	1.22
$K_{平均}=0.9\mu m^2$	低渗透层	0.6	0.2	0.1
	中渗透层	0.9	0.6	0.4
	高渗透层	1.2	1.9	2.2
$K_{平均}=1.3\mu m^2$	低渗透层	0.9	0.3	0.14
	中渗透层	1.3	0.9	0.57
	高渗透层	1.7	2.7	3.2

7.1.2 仪器设备

采用布氏黏度计测量驱油剂的视黏度，采用旋滴界面张力仪测量驱油剂与原油间的界面张力。

采用岩心驱替实验装置测试驱油剂的驱油效率，实验装置主要包括平流泵、压力传感器、岩心夹持器、手摇泵和中间容器等部件，除平流泵和手摇泵外，其他部分置于 53℃恒温箱内。实验步骤：

① 在室温下，岩心抽真空，饱和地层水，计算孔隙体积；

② 在 53℃条件下，水驱，计算水测渗透率；

③ 在 53℃条件下，饱和模拟油，计算含油饱和度；

④ 在 53℃条件下，水驱到含水率 98%，计算水驱采收率；

⑤ 在 53℃条件下，注入 0.38PV 二元体系，后续水驱到含水率 98%，计算化学驱采收率。

7.2 黏度比（μ_w/μ_o）对驱油效果的影响

7.2.1 μ_o=20mPa·s、$K_{平均}$=0.5μm² 时，黏度比对驱油效果的影响

（1）采收率

当岩心平均渗透率为 0.5μm² 时，二元体系与原油黏度比（μ_p/μ_o）对驱油效果（采收率）影响实验结果见表 7-2。

表 7-2 采收率数据（K_g=0.5μm²，μ_o=20mPa·s）

方案编号	渗透率变异系数（V_K）	黏度比（μ_p/μ_o）	工作黏度/(mPa·s)	界面张力/(mN/m)	含油饱和度/%	采收率/%		采收率增幅/%
						水驱	化学驱	
9-0-1		0.04	0.8	—	71.0	28.5		
9-1-1		0.1	2.2	$2.116×10^{-3}$	71.2	27.4	40.9	12.4
9-2-1		0.6	11.1	$1.651×10^{-3}$	70.7	27.7	45.3	16.8
9-3-1	0.25	0.8	16.1	$1.311×10^{-3}$	70.9	27.8	46.8	18.3
9-4-1		0.9	18.8	$1.159×10^{-3}$	71.1	28.0	47.3	18.8
9-5-1		1.9	38.3	$1.433×10^{-3}$	71.0	27.2	48.0	19.5
9-6-1		3.7	74.5	$1.257×10^{-3}$	71.1	27.7	49.0	20.5
9-7-1		8.3	166.2	$5.446×10^{-3}$	71.2	27.5	50.5	22.0
9-0-2		0.04	0.8	—	70.5	26.0	—	—
9-1-2		0.1	2.2	$2.151×10^{-3}$	70.6	25.6	39.7	13.7
9-2-2		0.6	11.2	$1.414×10^{-3}$	70.6	25.7	44.1	18.1
9-3-2	0.59	0.8	15.9	$1.224×10^{-3}$	70.4	25.6	45.6	19.6
9-4-2		0.9	18.9	$1.315×10^{-3}$	70.1	25.2	46.1	20.1
9-5-2		1.9	38.4	$1.412×10^{-3}$	70.3	25.4	47.0	21.0
9-6-2		3.7	74.5	$1.318×10^{-3}$	70.5	25.4	48.1	22.1
9-7-2		8.3	166.0	$5.114×10^{-3}$	70.5	25.6	49.2	23.2

方案编号	渗透率变异系数（V_K）	黏度比（μ_w/μ_o）	工作黏度/(mPa·s)	界面张力/(mN/m)	含油饱和度/%	采收率/%		采收率增幅/%
						水驱	化学驱	
9-0-3		0.04	0.8	—	70.0	23.5	—	—
9-1-3		0.1	2.3	2.459×10^{-3}	70.0	22.9	38.3	14.8
9-2-3		0.6	11.1	1.661×10^{-3}	70.1	22.8	42.8	19.3
9-3-3		0.8	15.6	1.339×10^{-3}	70.1	23.1	44.3	20.8
9-4-3	0.72	0.9	18.9	1.527×10^{-3}	70.1	23.3	44.8	21.3
9-5-3		1.9	37.2	1.346×10^{-3}	70.2	23.0	45.6	22.1
9-6-3		3.7	74.4	1.450×10^{-3}	70.4	23.2	46.5	23.0
9-7-3		8.3	166.5	5.228×10^{-3}	70.3	23.2	48.0	24.5

从表 7-2 可以看出，黏度比和渗透率变异系数对二元复合体系驱油效果（采收率）存在影响。在渗透率变异系数一定条件下，随黏度比增大，采收率增加。在岩心平均渗透率为 $0.5\mu m^2$ 条件下，当渗透率变异系数 V_K=0.25、0.59 和 0.72 时，黏度比为 8.3 时对应的采收率增幅分别为 22.0%、23.2% 和 24.5%，为 7 个黏度比中的最大值。

（2）动态特征

实验过程中注入压力、含水率和采收率与 PV 数的关系见图 7-1～图 7-3。

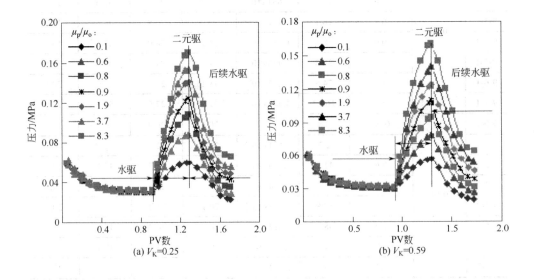

(a) V_K=0.25   (b) V_K=0.59

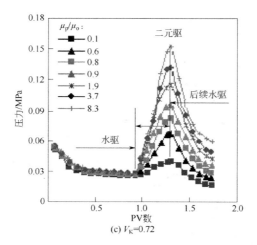

图 7-1　注入压力与 PV 数的关系（K_g=0.5μm^2）

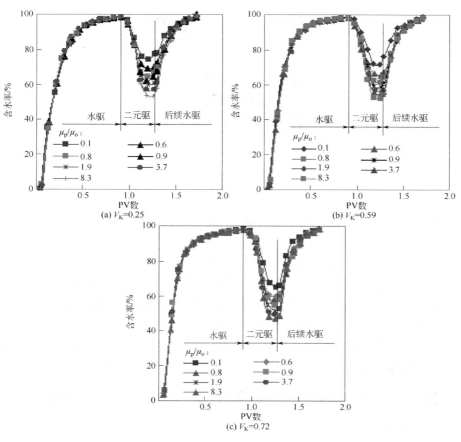

图 7-2　含水率与 PV 数的关系（K_g=0.5μm^2）

第 7 章　聚合物/表面活性剂二元复合驱的油藏适应性及影响因素　**119**

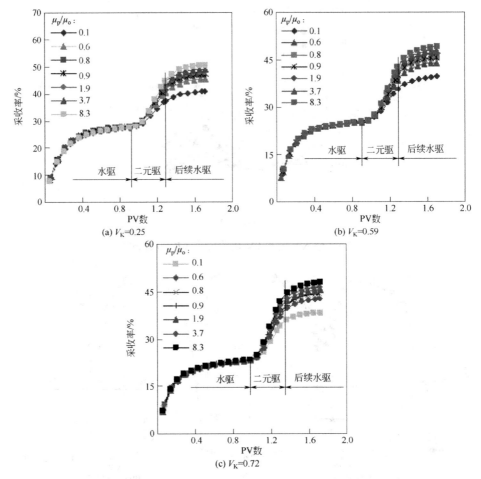

图 7-3 采收率与 PV 数的关系 (K_g=0.5μm^2)

可以看出，在二元体系注入阶段，随注入 PV 数增加，化学药剂在岩心中滞留量增大，孔隙过流断面减小，流动阻力增加，注入压力升高。在渗透率一定条件下，随黏度比增大，注入压力升幅增加，含水率降幅增大，采收率增幅提高。在岩心平均渗透率和黏度比相同条件下，渗透率变异系数愈大水驱采收率愈低，二元复合驱阶段含水率降幅愈大，采收率增幅愈大。根据采收率与 PV 数的关系可知，岩心渗透率变异系数愈大，最终采收率愈低。

7.2.2　μ_o=20mPa·s、$K_{平均}$=0.9μm^2 时，黏度比对驱油效果的影响

（1）采收率

当岩心平均渗透率为 0.9μm^2 时，黏度比（μ_p/μ_o）对二元复合驱增油效果（采

收率）影响实验结果见表 7-3。

表 7-3　采收率数据（K_g=0.9μm², μ_o=20mPa·s）

方案编号	渗透率变异系数（V_K）	黏度比（μ_p/μ_o）	工作黏度/(mPa·s)	界面张力/(mN/m)	含油饱和度/%	采收率/% 水驱	采收率/% 化学驱	采收率增幅/%
10-0-1		0.04	0.8	—	72.0	30.5	—	—
10-1-1		0.1	2.2	2.212×10^{-3}	72.1	29.7	44.2	13.7
10-2-1		0.6	11.2	1.799×10^{-3}	72.3	29.6	48.7	18.2
10-3-1		0.8	16.0	1.324×10^{-3}	71.8	29.7	50.3	19.8
10-4-1	0.25	0.9	18.8	1.429×10^{-3}	72.0	29.5	50.8	20.3
10-5-1		1.9	38.1	1.503×10^{-3}	72.4	29.9	52.1	21.6
10-6-1		3.7	74.4	1.387×10^{-3}	72.0	30.1	53.3	22.7
10-7-1		8.3	166.5	6.446×10^{-3}	71.9	28.9	54.8	24.3
10-0-2		0.04	0.8	—	71.5	28.0	—	—
10-1-2		0.1	2.3	2.401×10^{-3}	71.5	27.2	42.4	14.4
10-2-2		0.6	11.1	1.624×10^{-3}	71.3	27.0	47.1	19.1
10-3-2		0.8	15.8	1.344×10^{-3}	71.6	27.1	48.9	20.9
10-4-2	0.59	0.9	18.9	1.525×10^{-3}	71.4	27.4	49.5	21.5
10-5-2		1.9	38.3	1.432×10^{-3}	71.7	27.4	50.7	22.7
10-6-2		3.7	74.6	1.328×10^{-3}	71.2	27.1	51.9	23.9
10-7-2		8.3	166.1	5.094×10^{-3}	71.5	27.2	53.2	25.2
10-0-3		0.04	0.8	—	71.0	25.5	—	—
10-1-3		0.1	2.2	2.379×10^{-3}	71.0	24.9	41.2	15.7
10-2-3		0.6	11.2	1.561×10^{-3}	71.1	24.8	45.8	20.3
10-3-3		0.8	15.9	1.279×10^{-3}	70.8	25.0	47.3	21.8
10-4-3	0.72	0.9	18.9	1.477×10^{-3}	70.9	25.2	47.9	22.4
10-5-3		1.9	37.9	1.256×10^{-3}	71.2	24.8	48.5	23.0
10-6-3		3.7	74.3	1.370×10^{-3}	71.3	24.9	50.3	24.8
10-7-3		8.3	166.7	5.178×10^{-3}	71.1	25.1	51.9	26.4

　　从表 7-3 可以看出，黏度比和渗透率变异系数对二元复合体系驱油效果（采收率）存在影响。在渗透率变异系数一定条件下，随黏度比增大，采收率增加。

在岩心平均渗透率为 0.9μm² 条件下，当渗透率变异系数 V_K=0.25、0.59 和 0.72 时，黏度比为 8.3 时对应的采收率增幅分别为 24.3%、25.2% 和 26.4%，为 7 个黏度比中最大值。

（2）动态特征

在岩心平均渗透率 $K_{平均}$=0.9μm² 和渗透率变异系数相同条件下，实验过程中注入压力、含水率和采收率与 PV 数的关系见图 7-4～图 7-6。

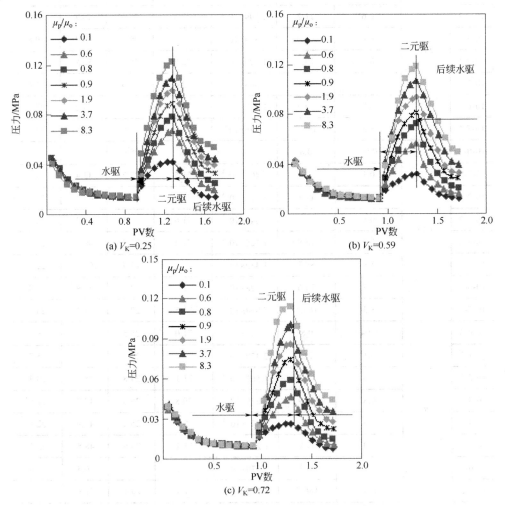

图 7-4　注入压力与 PV 数的关系（K_g=0.9μm²）

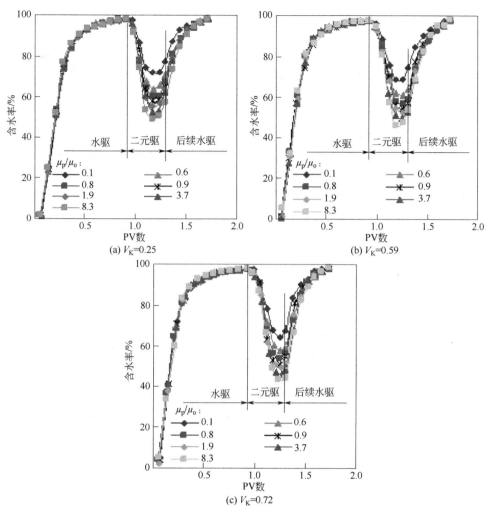

图 7-5　含水率与 PV 数的关系（$K_g=0.9\mu m^2$）

从图 7-4～图 7-6 可以看出，在二元复合体系注入阶段，随注入 PV 数增加，化学药剂在岩心中滞留量增大，岩心孔隙过流断面减小，流动阻力增加，注入压力升高。在渗透率相同条件下，随黏度比增大，注入压力升幅增加，含水率降幅增大，采收率增幅提高。在岩心平均渗透率和黏度比相同条件下，随岩心渗透率变异系数增大，水驱采收率降低，二元复合驱含水率降幅增大，采收率增幅增大。进一步分析发现，随岩心渗透率变异系数增加，最终采收率降低。

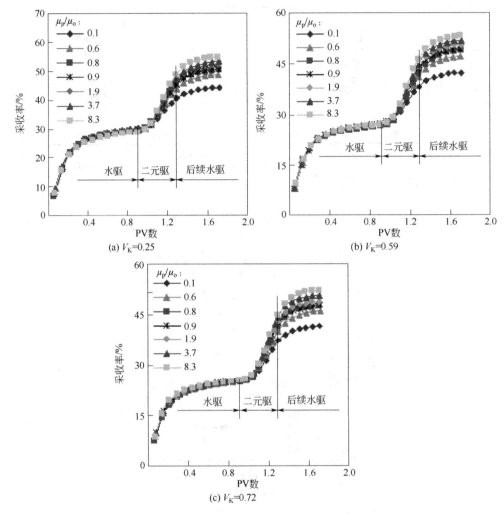

图 7-6　采收率与 PV 数的关系（K_g=0.9μm²）

7.2.3　μ_o=20mPa·s、$K_{平均}$=1.3μm² 时，黏度比对驱油效果的影响

（1）采收率

当岩心平均渗透率为 1.3μm² 时，二元复合体系与原油黏度比（μ_p/μ_o）对驱油效果（采收率）影响实验结果见表 7-4。

表 7-4 采收率数据（$K_g=1300\times10^{-3}\mu m^2$，$\mu_o=20mPa\cdot s$）

方案编号	变异系数 V_K	黏度比 (μ_p/μ_o)	工作黏度 /(mPa·s)	界面张力 /($\mu N/m$)	含油饱和度/%	采收率/% 水驱	采收率/% 化学驱	采收率增幅/%
11-0-1		0.04	0.8	—	72.9	31.5	—	—
11-1-1		0.1	2.2	2.412×10^{-3}	72.9	31.2	45.9	14.4
11-2-1		0.6	11.3	1.764×10^{-3}	72.7	30.6	50.4	18.9
11-3-1	0.25	0.8	16.0	1.214×10^{-3}	73.1	30.7	51.9	20.4
11-4-1		0.9	18.9	1.325×10^{-3}	72.7	30.7	52.5	21.0
11-5-1		1.9	38.0	1.257×10^{-3}	72.8	30.8	53.9	22.4
11-6-1		3.7	74.5	1.248×10^{-3}	72.8	30.8	55.0	23.5
11-7-1		8.3	166.0	5.471×10^{-3}	72.9	31.0	56.6	25.1
11-0-2		0.04	0.8	—	72.4	29.0	—	—
11-1-2		0.1	2.2	2.364×10^{-3}	72.2	28.6	44.3	15.3
11-2-2		0.6	11.2	1.625×10^{-3}	72.6	28.4	49.0	20.0
11-3-2	0.59	0.8	15.7	1.379×10^{-3}	72.1	28.5	50.3	21.3
11-4-2		0.9	18.8	1.248×10^{-3}	72.4	28.4	50.8	21.8
11-5-2		1.9	38.2	1.432×10^{-3}	72.3	28.7	52.3	23.3
11-6-2		3.7	74.2	1.274×10^{-3}	72.5	28.8	53.6	24.6
11-7-2		8.3	166.6	6.751×10^{-3}	72.3	28.5	54.9	25.9
11-0-3		0.04	0.8	—	72.0	26.5	—	—
11-1-3		0.1	2.1	2.479×10^{-3}	72.0	26.3	42.9	16.4
11-2-3		0.6	11.2	1.589×10^{-3}	71.9	26.1	47.5	21.0
11-3-3	0.72	0.8	16.2	1.701×10^{-3}	71.9	26.4	48.9	22.4
11-4-3		0.9	18.9	1.244×10^{-3}	71.8	26.4	49.4	22.9
11-5-3		1.9	37.7	1.395×10^{-3}	72.2	26.3	50.6	24.1
11-6-3		3.7	74.0	1.256×10^{-3}	72.4	26.4	52.2	25.7
11-7-3		8.3	166.0	7.032×10^{-3}	71.7	26.5	53.5	27.0

从表 7-4 可以看出，黏度比（μ_p/μ_o）和渗透率变异系数对二元复合体系驱油效果（采收率）存在影响。在岩心渗透率变异系数相同条件下，随黏度比增大，采收率增加。在岩心平均渗透率为 $1.3\mu m^2$ 条件下，当岩心渗透率变异系数

V_K=0.25、0.59 和 0.72 时，黏度比为 8.3 时对应采收率增幅分别为 25.1%、25.9% 和 27.0%，是 7 个黏度比中最大的。

（2）动态特征

在岩心平均渗透率 $K_{平均}$=1.3μm² 和渗透率变异系数相同条件下，实验过程中注入压力、含水率和采收率与 PV 数的关系见图 7-7～图 7-9。

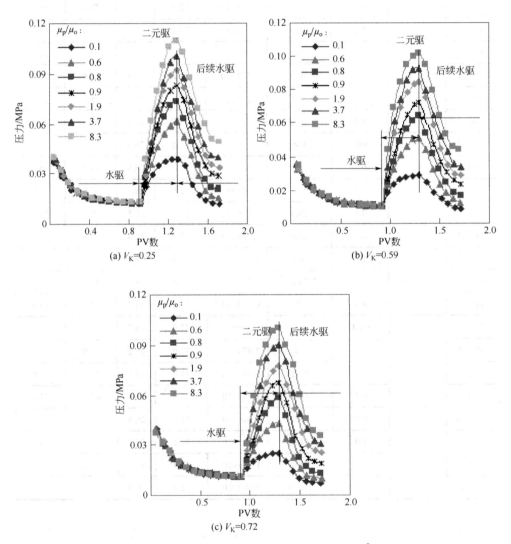

图 7-7　注入压力与 PV 数的关系（K_g=1.3μm²）

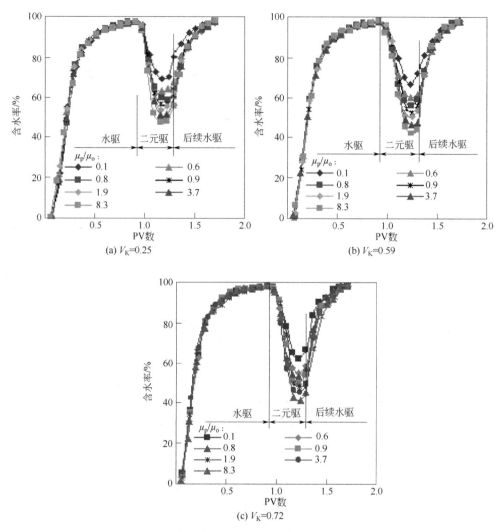

图 7-8　含水率与 PV 数的关系（K_g=1.3μm²）

　　从图 7-7～图 7-9 可以看出，在二元复合体系注入阶段，随注入 PV 数增加，化学药剂在岩心中滞留量增大，孔隙过流断面减小，流动阻力增加，注入压力升高。在渗透率一定的条件下，随黏度比增大，注入压力升幅增加，含水率降幅增大，采收率增幅提高。

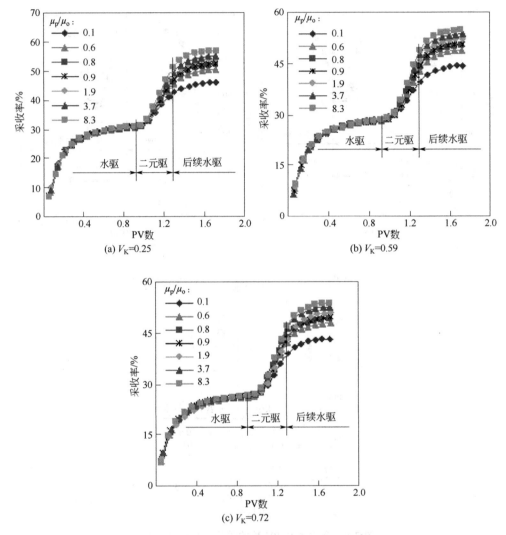

图 7-9　采收率与 PV 数的关系（$K_g = 1.3\mu m^2$）

7.2.4　$\mu_o = 40mPa\cdot s$、$K_{平均} = 0.5\mu m^2$ 时，黏度比对驱油效果的影响

（1）采收率

当岩心平均渗透率为 $0.5\mu m^2$ 时，黏度比（μ_p/μ_o）对二元复合驱驱油效果（采收率）影响实验结果见表 7-5。

表 7-5 采收率数据（K_g=0.5μm², μ_o=40mPa·s）

方案编号	渗透率变异系数（V_K）	黏度比（μ_p/μ_o）	工作黏度/(mPa·s)	界面张力/(mN/m)	含油饱和度/%	采收率/% 水驱	采收率/% 化学驱	采收率增幅/%
9-0-1		0.02	0.8	—	72.0	24.5	—	—
9-1-1		0.1	4.4	1.238×10^{-3}	72.2	23.7	35.5	11.0
9-2-1		0.6	23.1	1.314×10^{-3}	71.9	23.9	39.7	15.2
9-3-1	0.25	1.0	38.3	1.268×10^{-3}	72.2	23.7	41.1	16.6
9-4-1		1.4	57.9	3.562×10^{-3}	72.0	23.8	41.5	17.0
9-5-1		1.9	74.2	5.147×10^{-3}	72.1	23.9	42.3	17.8
9-6-1		4.1	165.9	7.216×10^{-3}	71.7	23.7	43.6	19.1
9-7-1		8.3	332.3	8.332×10^{-3}	71.9	24.0	45.0	20.5
9-0-2		0.02	0.8	—	71.5	22.0	—	—
9-1-2		0.1	4.5	1.291×10^{-3}	71.7	21.4	34.2	12.2
9-2-2		0.6	23.2	1.215×10^{-3}	71.4	21.1	38.5	16.5
9-3-2	0.59	1.0	38.1	1.243×10^{-3}	71.2	21.5	40.1	18.1
9-4-2		1.4	57.8	3.782×10^{-3}	71.5	21.5	40.6	18.6
9-5-2		1.9	74.4	5.801×10^{-3}	71.7	21.5	41.3	19.3
9-6-2		4.1	164.6	7.756×10^{-3}	71.6	21.3	42.6	20.6
9-7-2		8.3	331.9	8.389×10^{-3}	71.4	21.5	43.2	21.2
9-0-3		0.02	0.8	—	71.0	19.5	—	—
9-1-3		0.1	4.4	1.294×10^{-3}	70.9	19.0	32.7	13.2
9-2-3		0.6	23.0	1.212×10^{-3}	71.0	19.3	37.4	17.9
9-3-3	0.72	1.0	38.1	1.268×10^{-3}	71.3	18.9	38.7	19.2
9-4-3		1.4	57.2	3.796×10^{-3}	71.2	19.1	39.1	19.6
9-5-3		1.9	74.1	5.879×10^{-3}	70.8	18.8	39.9	20.4
9-6-3		4.1	164.4	7.482×10^{-3}	71.1	19.0	41.0	21.5
9-7-3		8.3	330.7	8.015×10^{-3}	70.7	18.9	42.4	22.9

从表 7-5 可以看出，在渗透率变异系数相同的条件下，采收率随黏度比增大而增加。在岩心平均渗透率为 0.5μm² 条件下，当渗透率变异系数 V_K=0.25、

0.59 和 0.72 时，黏度比为 8.3 对应的采收率增幅分别为 20.5%、21.2% 和 22.9%，是 7 个黏度比中最大的。

（2）动态特征

在岩心平均渗透率 $K_{平均}=0.5\mu m^2$ 和渗透率变异系数相同条件下，实验过程中注入压力、含水率和采收率与 PV 数的关系见图 7-10～图 7-12。

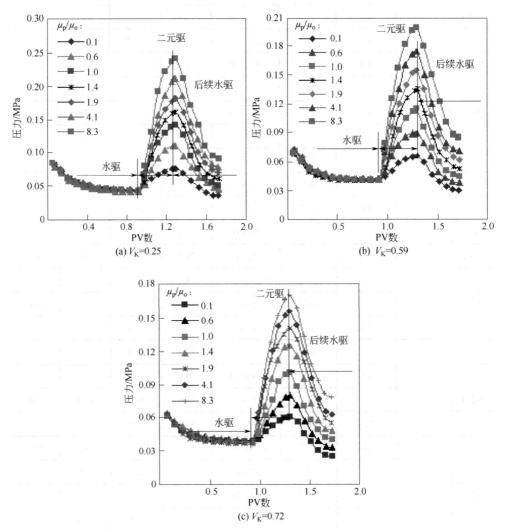

图 7-10　注入压力与 PV 数的关系（$K_g=0.5\mu m^2$）

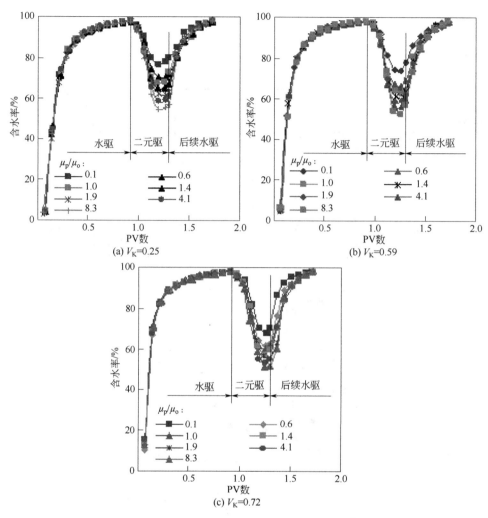

图 7-11　含水率与 PV 数的关系（$K_g=0.5\mu m^2$）

从图 7-10～图 7-12 可以看出，在二元复合体系注入阶段，随注入 PV 数增加，化学药剂在岩心中滞留量增大，孔隙过流断面减小，流动阻力增加，注入压力升高。在渗透率一定条件下，随黏度比增大，注入压力升幅增加，含水率降幅增大，采收率增幅提高。在岩心平均渗透率和黏度比相同条件下，渗透率变异系数越大水驱采收率越低，二元复合驱阶段含水率降幅越大，采收率增幅越大。进一步分析发现，随岩心渗透率变异系数增大，最终采收率降低。

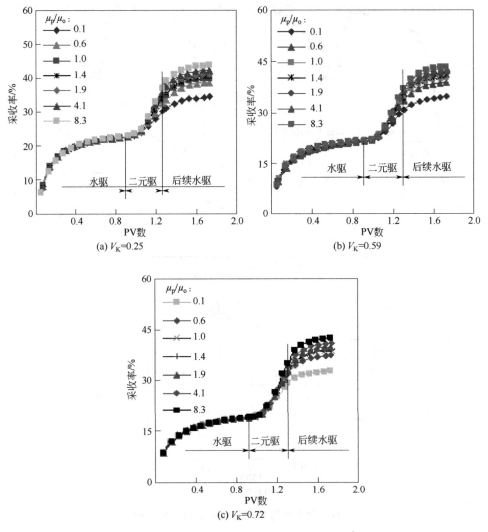

图 7-12 采收率与 PV 数的关系（K_g=0.5μm^2）

7.2.5 μ_o=40mPa·s、$K_{平均}$=0.9μm^{2}时，黏度比对驱油效果的影响

（1）采收率

当岩心平均渗透率为 0.9μm^2 时，黏度比（μ_p/μ_o）对二元复合驱的驱油效果（采收率）影响实验结果见表 7-6。

表 7-6　采收率数据（K_g=0.9μm^2，μ_o=40mPa·s）

方案编号	渗透率变异系数（V_K）	黏度比（μ_p/μ_o）	工作黏度/(mPa·s)	界面张力/(mN/m)	含油饱和度/%	采收率/% 水驱	采收率/% 化学驱	采收率增幅/%
10-0-1		0.02	0.8	—	73.0	26.3	—	—
10-1-1		0.1	4.5	1.277×10^{-3}	73.1	25.6	38.4	12.1
10-2-1		0.6	23.0	1.256×10^{-3}	72.8	25.5	42.9	16.6
10-3-1	0.25	1.0	38.0	1.282×10^{-3}	72.9	25.3	44.5	18.2
10-4-1		1.4	57.8	3.703×10^{-3}	72.8	25.6	44.9	18.6
10-5-1		1.9	74.3	5.285×10^{-3}	73.2	25.7	45.9	19.6
10-6-1		4.1	165.2	7.453×10^{-3}	73.2	25.8	47.4	21.1
10-7-1		8.3	331.9	8.428×10^{-3}	73.0	25.9	49.1	22.8
10-0-2		0.02	0.8	—	72.5	23.8	—	—
10-1-2		0.1	4.5	1.753×10^{-3}	72.4	23.2	36.8	13.0
10-2-2		0.6	23.2	1.452×10^{-3}	72.5	23.0	41.3	17.5
10-3-2	0.59	1.0	38.1	1.658×10^{-3}	72.7	23.1	43.3	19.5
10-4-2		1.4	57.2	3.742×10^{-3}	72.4	23.4	43.8	20.0
10-5-2		1.9	74.1	5.428×10^{-3}	72.3	23.2	44.6	20.8
10-6-2		4.1	165.8	7.759×10^{-3}	72.4	23.5	46.1	22.3
10-7-2		8.3	331.6	8.442×10^{-3}	72.8	23.1	47.6	23.8
10-0-3		0.02	0.8	—	72.0	21.3	—	—
10-1-3		0.1	4.4	1.424×10^{-3}	72.2	20.8	35.5	14.2
10-2-3		0.6	23.3	1.626×10^{-3}	72.3	20.7	40.0	18.7
10-3-3	0.72	1.0	38.6	1.842×10^{-3}	71.9	20.5	41.6	20.3
10-4-3		1.4	57.7	3.935×10^{-3}	72.2	20.9	42.1	20.8
10-5-3		1.9	74.2	5.453×10^{-3}	72.1	21.0	42.9	21.6
10-6-3		4.1	165.9	7.587×10^{-3}	71.6	20.8	44.6	23.3
10-7-3		8.3	330.9	8.224×10^{-3}	71.7	20.9	46.1	24.8

从表 7-6 可以看出，黏度比（μ_p/μ_o）和渗透率变异系数对二元复合体系的驱油效果（采收率）存在影响。在渗透率变异系数相同条件下，随黏度比（μ_p/μ_o）

增大，采收率增加。在岩心平均渗透率为 0.9μm² 条件下，当渗透率变异系数 V_K=0.25、0.59 和 0.72 时，黏度比为 8.3 对应的采收率增幅分别为 22.8%、23.8% 和 24.8%，是 7 个黏度比中最大的。

（2）动态特征

在岩心平均渗透率 $K_{平均}$=0.9μm² 条件下，实验过程中注入压力、含水率和采收率与 PV 数的关系见图 7-13～图 7-15。

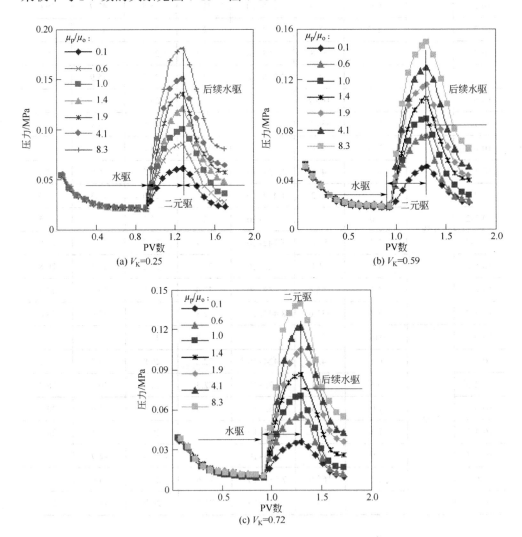

图 7-13　注入压力与 PV 数的关系（K_g=0.9μm²）

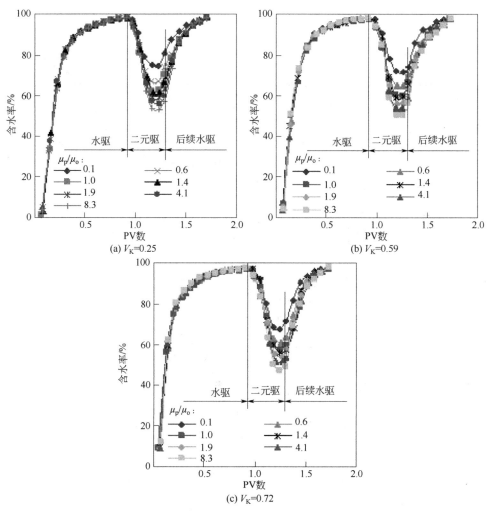

图 7-14　含水率与 PV 数的关系（$K_g=0.9\mu m^2$）

　　从图 7-13～图 7-15 可以看出，在二元复合体系注入阶段，随注入 PV 数增加，化学药剂在岩心中滞留量增大，孔隙过流断面减小，流动阻力增加，注入压力升高。在渗透率一定条件下，随黏度比增大，注入压力升幅增加，含水率降幅增大，采收率增幅提高。在岩心平均渗透率和黏度比相同条件下，渗透率变异系数愈大水驱采收率越低，二元复合驱阶段含水率降幅越大，采收率增幅越大。根据采收率与 PV 数的关系可知，岩心渗透率变异系数越大，最终采收率越低。

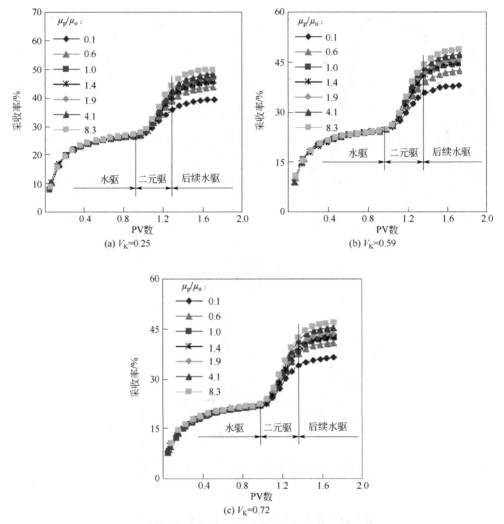

图 7-15 采收率与 PV 数的关系（K_g=0.9μm²）

7.2.6 μ_o=40mPa·s、$K_{平均}$=1.3μm² 时，黏度比对驱油效果的影响

（1）采收率

当岩心平均渗透率为 1.3μm² 时，黏度比（μ_p/μ_o）对二元复合驱的驱油效果（采收率）影响实验结果见表 7-7。

表 7-7 采收率数据（$K_{平均}=1.3\mu m^2$，$\mu_o=40mPa\cdot s$）

方案编号	渗透率变异系数（V_K）	黏度比（μ_p/μ_o）	工作黏度/(mPa·s)	界面张力/(mN/m)	含油饱和度/%	采收率/%		采收率增幅/%
						水驱	化学驱	
11-0-1	0.25	0.02	0.8	—	73.9	27.0	—	—
11-1-1		0.1	4.4	1.252×10^{-3}	73.8	26.5	40.0	13.0
11-2-1		0.6	23.2	1.212×10^{-3}	73.8	26.3	44.4	17.4
11-3-1		1.0	38.3	1.213×10^{-3}	74.2	26.3	45.8	18.8
11-4-1		1.4	57.7	3.796×10^{-3}	74.3	26.2	46.3	19.3
11-5-1		1.9	74.5	5.845×10^{-3}	74.1	26.7	47.2	20.2
11-6-1		4.1	165.8	7.749×10^{-3}	73.6	26.8	48.9	21.9
11-7-1		8.3	331.9	8.452×10^{-3}	73.7	26.6	50.7	23.7
11-0-2	0.59	0.02	0.8	—	73.4	24.5	—	—
11-1-2		0.1	4.3	1.294×10^{-3}	73.2	24.0	38.5	14.0
11-2-2		0.6	23.0	1.427×10^{-3}	73.1	24.2	42.9	18.4
11-3-2		1.0	38.4	1.250×10^{-3}	73.7	24.1	44.3	19.8
11-4-2		1.4	57.8	3.658×10^{-3}	73.5	24.3	44.9	20.4
11-5-2		1.9	74.1	5.834×10^{-3}	73.6	23.9	45.7	21.2
11-6-2		4.1	165.9	7.553×10^{-3}	73.3	23.7	47.7	23.2
11-7-2		8.3	331.1	8.211×10^{-3}	73.4	23.9	48.8	24.3
11-0-3	0.72	0.02	0.8	—	73.0	22.0	—	—
11-1-3		0.1	4.4	1.149×10^{-3}	73.2	21.6	37.0	15.0
11-2-3		0.6	23.0	1.212×10^{-3}	73.3	21.5	41.3	19.3
11-3-3		1.0	38.1	1.438×10^{-3}	72.9	21.8	42.8	20.8
11-4-3		1.4	57.4	3.796×10^{-3}	72.8	21.6	43.4	21.4
11-5-3		1.9	74.2	5.525×10^{-3}	73.1	21.5	44.4	22.4
11-6-3		4.1	165.1	7.431×10^{-3}	72.7	21.7	46.1	24.1
11-7-3		8.3	330.9	8.207×10^{-3}	73.2	21.5	47.6	25.6

从表 7-7 可以看出，黏度比和渗透率变异系数对二元复合体系的驱油效果（采收率）存在影响。在渗透率变异系数一定条件下，随黏度比增大，采收率增

加。在岩心平均渗透率为 $1.3\mu m^2$ 条件下，当渗透率变异系数为 V_K=0.25、0.59 和 0.72 时，黏度比为 8.3 对应的采收率增幅分别为 23.7%、24.3% 和 25.6%，是 7 个黏度比中最大的。

（2）动态特征

在岩心平均渗透率 $K_{平均}$=$1.3\mu m^2$ 条件下，实验过程中注入压力、含水率和采收率与 PV 数的关系见图 7-16～图 7-18。

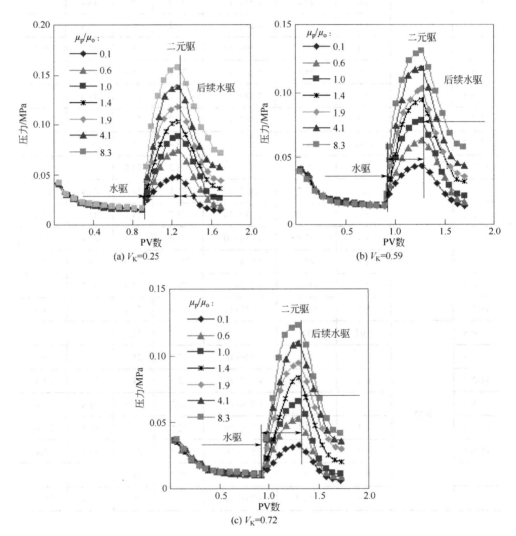

图 7-16　注入压力与 PV 数的关系（K_g=$1.3\mu m^2$）

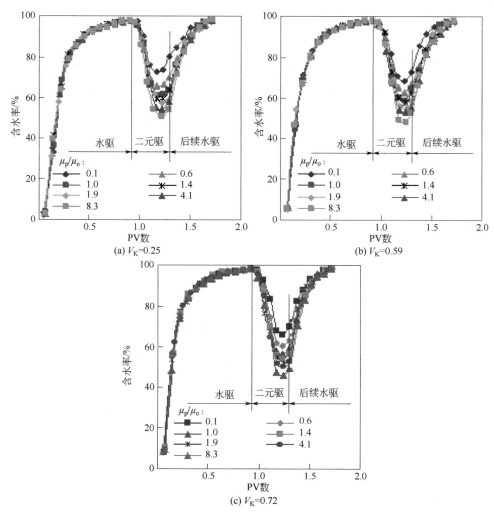

图 7-17　含水率与 PV 数的关系（K_g=1.3μm^2）

从图 7-16～图 7-18 可以看出，在二元复合体系注入阶段，随注入 PV 数增加，化学药剂在岩心中滞留量增大，孔隙过流断面减小，流动阻力增加，注入压力升高。在渗透率一定条件下，随黏度比增大，注入压力升幅增加，含水率降幅增大，采收率增幅提高。在岩心平均渗透率和黏度比相同条件下，随岩心渗透率变异系数增大，水驱采收率降低，二元复合驱含水率降幅增大，采收率增幅增大。依据采收率与 PV 数的关系可知，随岩心渗透率变异系数增大，最终采收率降低。

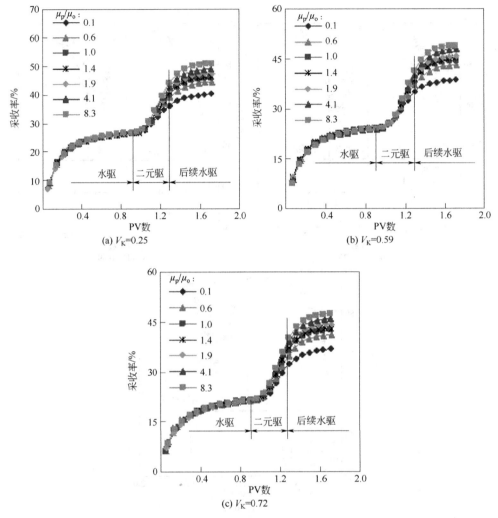

图 7-18　采收率与 PV 数的关系（K_g=1.3μm²）

7.2.7　原油黏度的影响

（1）采收率

　　岩心渗透率变异系数相同条件下，黏度比在不同原油黏度和不同岩心平均渗透率下对二元复合驱的驱油效果（采收率）影响实验结果见图 7-19。

　　从图 7-19 可以看出，原油黏度对二元复合驱采收率存在影响。随原油黏度增加，采收率增幅减小。

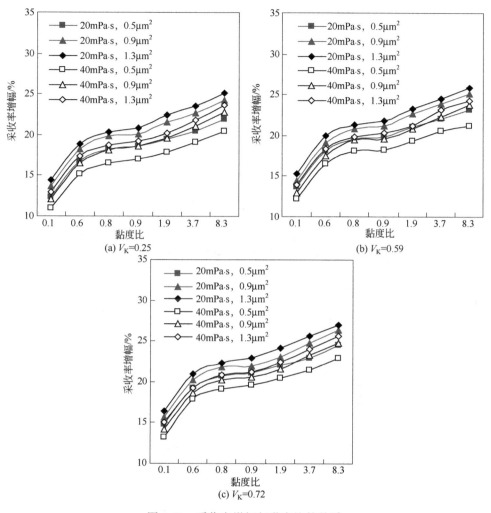

图 7-19 采收率增幅与黏度比的关系

（2）动态特征

在岩心平均渗透率 $K_{平均}$=0.5μm²、渗透率变异系数 V_K=0.25 和黏度比 μ_p/μ_o=8.3 条件下，实验过程中动态特征曲线见图 7-20～图 7-22。

7.2.8 驱油剂类型与驱油效果

（1）采收率

原油黏度 μ_o=20mPa·s，0.38PV 条件下，驱油剂类型对驱油效果（采收率）影响实验结果见表 7-8。

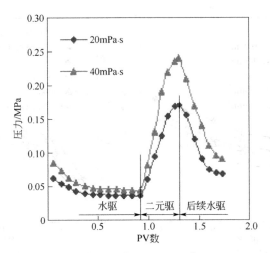

图 7-20 注入压力与 PV 数的关系（$K_g=0.5\mu m^2$，$V_K=0.25$，$\mu_w/\mu_o=8.3$）

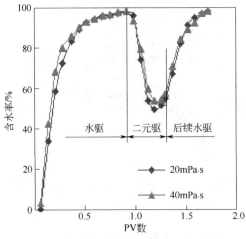

图 7-21 含水率与 PV 数的关系（$K_g=0.5\mu m^2$，$V_K=0.25$，$\mu_w/\mu_o=8.3$）

从表 7-8 可以看出，驱油剂类型对化学驱驱油效果存在影响。在 3 种驱油剂中，二元体系采收率增幅最大，其次是聚合物溶液，再次是表面活性剂溶液。与聚合物溶液和二元体系相比较，表面活性剂溶液黏度低、洗油效率高，它不仅不能增加流动阻力，而且因含油饱和度降低导致注入压力下降，仍然沿原水流通道流动，没有扩大波及体积作用。因此，表面活性剂溶液驱采收率仅比水驱提高 4.3%。进一步分析发现，二元体系采收率增幅大于聚合物驱与表面活性剂溶液驱采收率增幅之和，表明二元体系在多孔介质内流动时会产生协同效应。

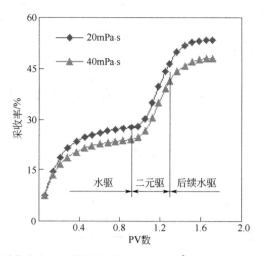

图 7-22 采收率与 PV 数的关系（K_g=0.5μm^2，V_K=0.25，μ_w/μ_o=8.3）

表 7-8 采收率测试结果（μ_o=20mPa·s，0.38PV）

方案编号	驱油剂组成		工作黏度/(mPa·s)	界面张力/(mN/m)	含油饱和度/%	采收率/%		采收率增幅/%
	聚合物浓度/(mg/L)	表面活性剂浓度/%				水驱	化学驱	
10-0-2	—	—	0.8	—	71.5	28.0	—	—
10-8-2	850	—	11.2	—	71.6	27.2	41.6	13.6
10-9-2	—	0.20	0.8	1.451×10^{-3}	71.4	27.1	32.3	4.3
10-2-2	850	0.20	11.1	1.624×10^{-3}	71.3	27.0	47.1	19.1

（2）动态特征

在岩心平均渗透率 $K_{平均}$=0.9μm^2、渗透率变异系数 V_K=0.59 条件下，实验过程中压力、含水率和采收率与 PV 数的关系见图 7-23～图 7-25。

从图 7-23～图 7-25 可以看出，在 3 种驱油剂中，二元体系和聚合物溶液注入压力升幅较大，表面活性剂溶液注入压力呈下降趋势，这对扩大波及体积十分不利。二元体系驱的含水率和采收率均为最高。

7.2.9 黏度比与流度比的关系

黏度比与流度比的关系参见 5.4.1 节。此处不再赘述。

在二元复合驱过程中，随着油、水采出及化学剂的吸附滞留和扩散弥散，流度比不断发生变化。因此，以二元复合体系注入时为准，研究黏度比与流度比的关系。水驱结束时油藏含水饱和度及水相对渗透率和油相对渗透率见表 7-9。

根据公式（5-4）可得黏度比与流度比的关系，见表 7-10。

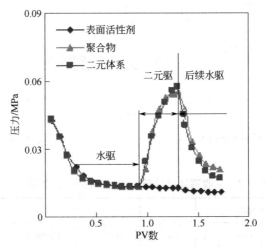

图 7-23　注入压力与 PV 数的关系（K_g=0.9μm^2，V_K=0.59）

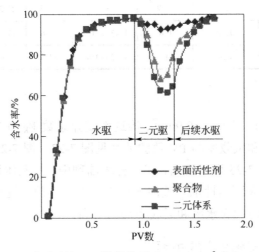

图 7-24　含水率与 PV 数的关系（K_g=0.9μm^2，V_K=0.59）

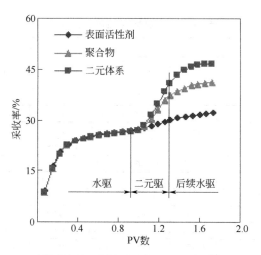

图 7-25　采收率与 PV 数的关系（$K_g=0.9\mu m^2$，$V_K=0.59$）

表 7-9　相对渗透率数据

岩心参数		含水饱和度/%	水相对渗透率	油相对渗透率
平均渗透率/μm^2	渗透率变异系数（V_K）			
		$\mu_o=20mPa\cdot s$		
0.5	0.25	48.5	0.017303	0.119427
	0.59	47.4	0.015508	0.166556
	0.72	46.0	0.013540	0.229171
0.9	0.25	49.2	0.018558	0.090255
	0.59	47.9	0.016297	0.144927
	0.72	46.7	0.014480	0.197467
1.3	0.25	49.6	0.019314	0.073842
	0.59	48.1	0.016625	0.136373
	0.72	46.9	0.014765	0.188557
		$\mu_o=40mPa\cdot s$		
0.5	0.25	45.1	0.012461	0.271210
	0.59	43.9	0.011249	0.329731
	0.72	42.6	0.010228	0.396696
0.9	0.25	45.6	0.013042	0.247670
	0.59	44.2	0.011528	0.314820
	0.72	43.0	0.010510	0.375670
1.3	0.25	45.7	0.013164	0.243019
	0.59	44.3	0.011624	0.309892
	0.72	43.2	0.010662	0.365301

表 7-10　黏度比与流度比的关系

岩心参数		不同黏度比下的流度比						
平均渗透率/μm²	渗透率变异系数（V_K）	0.1	0.6	0.8	0.9	1.9	3.7	8.3
		μ_o=20mPa·s						
0.5	0.25	0.733	0.122	0.092	0.081	0.039	0.020	0.009
	0.59	0.618	0.103	0.077	0.069	0.033	0.017	0.007
	0.72	0.494	0.082	0.062	0.055	0.026	0.013	0.006
0.9	0.25	0.817	0.136	0.102	0.091	0.043	0.022	0.010
	0.59	0.668	0.111	0.083	0.074	0.035	0.018	0.008
	0.72	0.553	0.092	0.069	0.061	0.029	0.015	0.007
1.3	0.25	0.868	0.145	0.109	0.096	0.046	0.023	0.010
	0.59	0.689	0.115	0.086	0.077	0.036	0.019	0.008
	0.72	0.571	0.095	0.071	0.063	0.030	0.015	0.007
		μ_o=40mPa·s						
0.5	0.25	0.426	0.071	0.043	0.030	0.022	0.010	0.005
	0.59	0.340	0.057	0.034	0.024	0.018	0.008	0.004
	0.72	0.268	0.045	0.027	0.019	0.014	0.007	0.003
0.9	0.25	0.463	0.077	0.046	0.033	0.024	0.011	0.006
	0.59	0.360	0.060	0.036	0.026	0.019	0.009	0.004
	0.72	0.288	0.048	0.029	0.021	0.015	0.007	0.003
1.3	0.25	0.471	0.078	0.047	0.034	0.025	0.011	0.006
	0.59	0.368	0.061	0.037	0.026	0.019	0.009	0.004
	0.72	0.299	0.050	0.030	0.021	0.016	0.007	0.004

　　采收率增幅与流度比关系见图 7-26，（a）、（b）、（c）分别表示不同渗透率变异系数（V_K）、不同岩心平均渗透率（$K_{平均}$）和不同原油黏度（μ_o）的曲线。

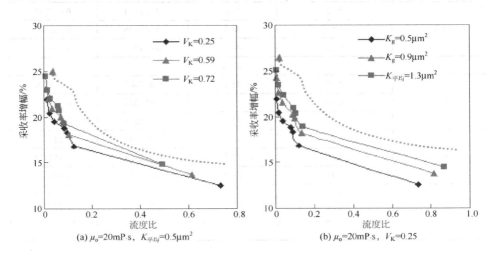

(a) μ_o=20mP·s，$K_{平均}$=0.5μm²

(b) μ_o=20mP·s，V_K=0.25

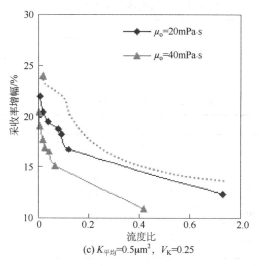

(c) $K_{平均}=0.5\mu m^2$，$V_K=0.25$

图 7-26　采收率增幅与流度比的关系

从图 7-26 可以看出，随流度比减小，渗透率变异系数增加、平均渗透率增大和原油黏度降低，化学驱采收率增加。

7.3　二元复合驱技术经济效益分析

7.3.1　地质模型建立

依据大港油田港西三区地质特征，建立典型地质模型，依据该典型地质模型进行投入和产出计算。

地质模型主要参数见表 5-12。

依据表 5-12 提供的油藏几何尺寸、孔隙度和含油饱和度，计算典型地质模型孔隙体积为 $200m\times200m\times5m\times30.5\%=61000m^3$，地质储量为 $61000m^3\times72.0\%=43920m^3$。

矿场采收率增加值以物理模拟实验结果为基础，参考大庆和国内其他油田矿场试验数据，确定实际采收率与室内采收率比值为 0.5。2012 年 7 月 20 日布伦特国际原油期货价格 106.83 美元/桶，当日汇率 1 美元=6.3746 人民币元，$1m^3$ 原油转换为 6.2893 桶，原油价格为 $6.2893\times106.83\times6.3746=4283.004$（元/$m^3$）。

7.3.2　药剂费用

化学剂价格见表 7-11 和表 7-12。

表 7-11　驱油剂组成与价格

药剂组成	HTPW-112 聚合物	表面活性剂
价格/(万元/吨)	1.8	1.5

表 7-12　化学驱油剂价格

黏度比 (μ_p/μ_o)	化学剂组成		价格/(万元/吨)
	聚合物浓度/(mg/L)	表面活性剂浓度/(mg/L)	
$\mu_o=20mPa\cdot s$			
0.1	260	2000	0.008032
0.6	850	2000	0.009239
0.8	950	2000	0.009443
0.9	1100	2000	0.009750
1.9	1450	2000	0.010466
3.7	1980	2000	0.011550
8.3	2645	2000	0.012910
$\mu_o=40mPa\cdot s$			
0.1	450	2000	0.008420
0.6	1200	2000	0.009955
1.0	1450	2000	0.010466
1.4	1630	2000	0.010834
1.9	1980	2000	0.011550
4.1	2645	2000	0.012910
8.3	3600	2000	0.014864

7.3.3　黏度比与二元复合驱技术经济效益关系

（1）$\mu_o=20mPa\cdot s$，$K_{平均}=0.5\mu m^2$ 条件的"产出/投入"比

0.38PV 条件下，黏度比与二元复合驱"产出/投入"比关系见表 7-13。

表 7-13　黏度比与"产出/投入"关系（$K_g=0.5\mu m^2$，0.38PV）

黏度比（μ_p/μ_o）	聚合物浓度/(mg/L)	采收率增值/%	原油产值/万元	药剂费用/万元	产出/投入
$V_K=0.25$					
0.1	260	6.2	1166.3	156.8	7.44
0.6	850	8.4	1580.1	180.4	8.76
0.8	950	9.2	1721.2	184.4	9.33
0.9	1100	9.4	1768.2	190.4	9.29
1.9	1450	9.8	1834.1	204.4	8.97

黏度比（μ_p/μ_o）	聚合物浓度/(mg/L)	采收率增值/%	原油产值/万元	药剂费用/万元	产出/投入
3.7	1980	10.3	1928.1	225.5	8.55
8.3	2645	11.0	2069.2	252.1	8.21
$V_K=0.59$					
0.1	260	6.9	1288.6	156.8	8.22
0.6	850	9.0	1699.6	180.4	9.42
0.8	950	9.8	1840.7	184.4	9.98
0.9	1100	10.1	1890.5	190.4	9.93
1.9	1450	10.5	1978.0	204.4	9.68
3.7	1980	11.0	2075.8	225.5	9.20
8.3	2645	11.6	2182.1	252.1	8.66
$V_K=0.72$					
0.1	260	7.4	1392.0	156.8	8.88
0.6	850	9.6	1812.4	180.4	10.05
0.8	950	10.4	1953.5	184.4	10.59
0.9	1100	10.7	2003.4	190.4	10.52
1.9	1450	11.1	2081.4	204.4	10.18
3.7	1980	11.5	2160.4	225.5	9.58
8.3	2645	12.3	2304.3	252.1	9.14

从表 7-13 可以看出，黏度比对"产出/投入"存在影响。随着黏度比增大，原油产值和二元复合体系药剂价格逐渐增加，"产出/投入"呈"先升后降"趋势。从技术经济效益考虑，合理黏度比范围为 0.81～0.94。

（2）$\mu_o=20\text{mPa·s}$，$K_{平均}=0.9\mu\text{m}^2$ 条件的"产出/投入"比

在 0.38PV 条件下，黏度比与二元复合驱"产出/投入"比关系见表 7-14。

表 7-14　"产出/投入"计算结果（$K_g=0.9\mu\text{m}^2$，0.38PV）

黏度比（μ_p/μ_o）	聚合物浓度/(mg/L)	采收率增值/%	原油产值/万元	药剂费用/万元	产出/投入
$V_K=0.25$					
0.1	260	6.9	1288.6	156.8	8.22
0.6	850	9.1	1709.0	180.4	9.47
0.8	950	9.9	1859.5	184.4	10.08
0.9	1100	10.2	1909.3	190.4	10.03
1.9	1450	10.8	2034.4	204.4	9.95
3.7	1980	11.3	2132.2	225.5	9.45
8.3	2645	12.2	2285.5	252.1	9.07

黏度比（μ_p/μ_o）	聚合物浓度/(mg/L)	采收率增值/%	原油产值/万元	药剂费用/万元	产出/投入
		V_K=0.59			
0.1	260	7.2	1354.4	156.8	8.64
0.6	850	9.5	1793.6	180.4	9.94
0.8	950	10.4	1962.9	184.4	10.65
0.9	1100	10.8	2022.2	190.4	10.62
1.9	1450	11.4	2137.9	204.4	10.46
3.7	1980	11.9	2245.1	225.5	9.95
8.3	2645	12.6	2370.2	252.1	9.40
		V_K=0.72			
0.1	260	7.9	1476.7	156.8	9.42
0.6	850	10.1	1906.5	180.4	10.57
0.8	950	10.9	2047.6	184.4	11.10
0.9	1100	11.2	2106.8	190.4	11.07
1.9	1450	11.5	2163.3	204.4	10.59
3.7	1980	12.4	2329.7	225.5	10.33
8.3	2645	13.2	2483.0	252.1	9.85

从表 7-14 可以看出，黏度比对"产出/投入"存在影响。随着黏度比增大，原油产值和二元复合体系药剂价格逐渐增加，"产出/投入"呈先上升后下降趋势。从技术效果及经济效益考虑，合理黏度比范围为 0.81～0.94。

（3）μ_o=20mPa·s，$K_{平均}$=1.3μm^2 条件的"产出/投入"比

0.38PV 条件下，黏度比与二元复合驱"产出/投入"比关系见表 7-15。

表 7-15　"产出/投入"计算结果（K_g=1.3μm^2，0.38PV）

黏度比（μ_p/μ_o）	聚合物浓度/(mg/L)	采收率增值/%	原油产值/万元	药剂费用/万元	产出/投入
		V_K=0.25			
0.1	260	7.2	1354.4	156.8	8.64
0.6	850	9.4	1774.8	180.4	9.84
0.8	950	10.2	1915.9	184.4	10.39
0.9	1100	10.5	1975.2	190.4	10.37
1.9	1450	11.2	2107.8	204.4	10.31
3.7	1980	11.7	2208.4	225.5	9.79
8.3	2645	12.6	2360.8	252.1	9.36

黏度比（μ_p/μ_o）	聚合物浓度/(mg/L)	采收率增值/%	原油产值/万元	药剂费用/万元	产出/投入
		V_K=0.59			
0.1	260	7.7	1439.0	156.8	9.18
0.6	850	10.0	1878.3	180.4	10.41
0.8	950	10.6	2000.5	184.4	10.85
0.9	1100	10.9	2050.4	190.4	10.77
1.9	1450	11.7	2194.3	204.4	10.74
3.7	1980	12.3	2310.9	225.5	10.25
8.3	2645	13.0	2436.0	252.1	9.66
		V_K=0.72			
0.1	260	8.2	1542.5	156.8	9.84
0.6	850	10.5	1972.3	180.4	10.93
0.8	950	11.2	2104.0	184.4	11.41
0.9	1100	11.5	2153.9	190.4	11.31
1.9	1450	12.1	2269.5	204.4	11.11
3.7	1980	12.8	2414.4	225.5	10.71
8.3	2645	13.5	2539.5	252.1	10.07

从表 7-15 可以看出，黏度比对"产出/投入"存在影响。随黏度比增大，二元复合驱"产出/投入"呈"先升后降"趋势。从技术效果和经济效益考虑，合理黏度比范围为 0.81～0.94。

（4）μ_o=40mPa·s，$K_{平均}$=0.5μm^2 条件下的"产出/投入"比

0.38PV 条件下，黏度比与二元复合驱"产出/投入"比关系见表 7-16。

表 7-16 "产出/投入"计算结果（K_g=0.5μm^2，0.38PV）

黏度比（μ_p/μ_o）	聚合物浓度/(mg/L)	采收率增值/%	原油产值/万元	药剂费用/万元	产出/投入
		V_K=0.25			
0.1	260	5.5	1034.6	164.4	6.29
0.6	850	7.6	1426.8	194.4	7.34
1.0	950	8.3	1558.5	204.4	7.63
1.4	1100	8.5	1598.9	211.6	7.56
1.9	1450	8.9	1677.0	225.5	7.44
4.1	1980	9.5	1793.6	252.1	7.11
8.3	2645	10.3	1928.1	290.2	6.64

黏度比（μ_p/μ_o）	聚合物浓度/(mg/L)	采收率增值/%	原油产值/万元	药剂费用/万元	产出/投入
$V_K=0.59$					
0.1	260	6.1	1147.5	164.4	6.98
0.6	850	8.2	1549.1	194.4	7.97
1.0	950	9.0	1699.6	204.4	8.32
1.4	1100	9.3	1749.4	211.6	8.27
1.9	1450	9.7	1818.1	225.5	8.06
4.1	1980	10.3	1934.7	252.1	7.67
8.3	2645	10.6	1994.0	290.2	6.87
$V_K=0.72$					
0.1	260	6.6	1241.5	164.4	7.55
0.6	850	8.9	1680.8	194.4	8.65
1.0	950	9.6	1803.0	204.4	8.82
1.4	1100	9.8	1843.5	211.6	8.71
1.9	1450	10.2	1921.5	225.5	8.52
4.1	1980	10.7	2019.4	252.1	8.01
8.3	2645	11.5	2153.9	290.2	7.42

从表 7-16 可以看出，黏度比对"产出/投入"存在影响。随黏度比增大，二元复合驱"产出/投入"呈"先升后降"趋势。从技术效果及经济效益考虑，合理黏度比范围为 0.95～1.45。

（5）μ_o=40mPa·s，$K_{平均}$=0.9μm² 条件下的"产出/投入"比

0.38PV 条件下，黏度比与二元复合驱"产出/投入"比关系见表 7-17。

表 7-17　"产出/投入"计算结果（K_g=0.9μm²，0.38PV）

黏度比（μ_p/μ_o）	聚合物浓度/(mg/L)	采收率增值/%	原油产值/万元	药剂费用/万元	产出/投入
$V_K=0.25$					
0.1	260	6.1	1138.1	164.4	6.92
0.6	850	8.3	1558.5	194.4	8.02
1.0	950	9.1	1709.0	204.4	8.36
1.4	1100	9.3	1749.4	211.6	8.27
1.9	1450	9.8	1843.5	225.5	8.17
4.1	1980	10.5	1981.7	252.1	7.86
8.3	2645	11.4	2144.4	290.2	7.39

黏度比（μ_p/μ_o）	聚合物浓度/(mg/L)	采收率增值/%	原油产值/万元	药剂费用/万元	产出/投入
		$V_K=0.59$			
0.1	260	6.5	1222.7	164.4	7.44
0.6	850	8.7	1643.1	194.4	8.45
1.0	950	9.7	1831.2	204.4	8.96
1.4	1100	10.0	1881.1	211.6	8.89
1.9	1450	10.4	1956.3	225.5	8.67
4.1	1980	11.1	2094.6	252.1	8.31
8.3	2645	11.9	2238.5	290.2	7.71
		$V_K=0.72$			
0.1	260	7.1	1335.6	164.4	8.12
0.6	850	9.3	1756.0	194.4	9.03
1.0	950	10.1	1906.5	204.4	9.33
1.4	1100	10.4	1956.3	211.6	9.25
1.9	1450	10.8	2031.6	225.5	9.01
4.1	1980	11.6	2188.7	252.1	8.68
8.3	2645	12.4	2332.6	290.2	8.04

从表 7-17 可以看出，黏度比对"产出/投入"存在影响。随黏度比增大，"产出/投入"呈"先升后降"趋势。从技术效果和经济效益考虑，合理黏度比范围为 0.95～1.45。

（6）μ_o=40mPa·s，$K_{平均}$=1.3μm^2 条件下的"产出/投入"比

0.38PV 条件下，黏度比与二元复合驱"产出/投入"关系见表 7-18。

表 7-18　"产出/投入"计算结果（K_g=1.3μm^2）

黏度比（μ_p/μ_o）	聚合物浓度/(mg/L)	采收率增值/%	原油产值/万元	药剂费用/万元	产出/投入
		$V_K=0.25$			
0.1	260	6.5	1222.7	164.4	7.44
0.6	850	8.7	1633.7	194.4	8.40
1.0	950	9.4	1765.4	204.4	8.64
1.4	1100	9.7	1815.3	211.6	8.58
1.9	1450	10.1	1899.9	225.5	8.42
4.1	1980	10.9	2057.0	252.1	8.16
8.3	2645	11.9	2229.1	290.2	7.68

黏度比（μ_p/μ_o）	聚合物浓度/(mg/L)	采收率增值/%	原油产值/万元	药剂费用/万元	产出/投入
		$V_K=0.59$			
0.1	260	7.0	1316.8	164.4	8.01
0.6	850	9.2	1727.8	194.4	8.89
1.0	950	9.9	1862.3	204.4	9.11
1.4	1100	10.2	1918.7	211.6	9.07
1.9	1450	10.6	1994.0	225.5	8.84
4.1	1980	11.6	2179.2	252.1	8.64
8.3	2645	12.2	2285.5	290.2	7.87
		$V_K=0.72$			
0.1	260	7.5	1410.8	164.4	8.58
0.6	850	9.6	1812.4	194.4	9.32
1.0	950	10.4	1956.3	204.4	9.57
1.4	1100	10.7	2012.8	211.6	9.51
1.9	1450	11.2	2106.8	225.5	9.34
4.1	1980	12.0	2263.9	252.1	8.98
8.3	2645	12.8	2407.8	290.2	8.30

从表 7-18 可以看出，随黏度比增大，二元复合驱"产出/投入"呈"先升后降"趋势。从技术效果及经济效益考虑，合理黏度比范围为 0.95～1.45。

7.4 小结

① 在岩心平均渗透率和渗透率变异系数相同条件下，随黏度比增大，二元复合驱采收率增加。在黏度比和渗透率变异系数相同条件下，随岩心平均渗透率增大，二元复合驱采收率增加。在黏度比和岩心平均渗透率相同条件下，随岩心渗透率变异系数增大，二元复合驱采收率增加。

② 随黏度比增大，"产出/投入"比呈"先升后降"趋势。从技术经济效益方面考虑，合理黏度比范围 0.81～1.45。

第**8**章

化学驱扩大波及体积与提高
洗油效率的主次关系

8.1 测试条件

8.1.1 实验材料

聚合物为部分水解聚丙烯酰胺（HTPW-112），分子量 $2.5×10^7$，固含量 88%，由中国石油大港油田采油工艺研究院提供。表面活性剂为非离子型表面活性剂（DWS），有效含量为 40%，由大港油田采油工艺研究院提供。

溶剂水为大港油田港西三区注入水，水质分析见表 2-1。

岩心为石英砂环氧树脂胶结非均质人造岩心，岩心包括高中低 3 个渗透层，外观几何尺寸：高×宽×长=4.5cm×4.5cm×30cm，各个小层厚度 1.5cm。岩心物性参数如表面润湿性、渗透率变异系数、渗透率和孔隙度等与目标油藏相近。

8.1.2 仪器设备

采用布氏黏度计测量驱油剂视黏度，采用旋滴界面张力仪测量驱油剂与原油间界面张力。

采用岩心驱替实验装置测试驱油剂驱油效率，实验装置主要包括平流泵、压力传感器、岩心夹持器、手摇泵和中间容器等部件，除平流泵和手摇泵外，其他部分置于 53℃ 恒温箱内。实验步骤：

① 在室温下，岩心抽真空，饱和地层水，计算孔隙体积；

② 在 53℃ 条件下，水驱，计算水测渗透率；

③ 在 53℃ 条件下，饱和模拟油，计算含油饱和度；

④ 在 53℃ 条件下，水驱到含水率 98%，计算水驱采收率；

⑤ 在 53℃ 条件下，注入 0.38PV 二元体系，后续水驱到含水率 98%，计算化学驱采收率。

8.2 聚合物/表面活性剂二元复合驱的增油效果及影响因素

8.2.1 表面活性剂浓度对聚合物/表面活性剂二元复合驱增油效果的影响

（1）采收率

在岩心平均渗透率 $K_{平均}=1.3μm^2$、渗透率变异系数 $V_K=0.72$ 和聚合物浓度

c_p=1300mg/L 条件下，表面活性剂浓度对聚合物/表面活性剂二元复合驱增油效果（采收率）影响实验结果见表 8-1 和图 8-1。

表 8-1　采收率实验数据

方案	活性剂浓度/(mg/L)	工作黏度/(mPa·s)	界面张力/(mN/m)	含油饱和度/%	采收率/%		采收率增幅/%
					水驱	化学驱	
8-1-0	—	0.8	—	72.0	26.5	—	—
8-1-1	250	20.3	1.059×10^{-1}	72.0	26.0	42.3	15.8
8-1-2	500	20.4	8.030×10^{-2}	71.7	25.9	43.0	16.5
8-1-3	1000	20.2	5.292×10^{-2}	72.1	26.3	43.8	17.3
8-1-4	1500	20.6	4.165×10^{-2}	72.3	26.1	44.3	17.8
8-1-5	2000	20.1	5.173×10^{-3}	72.1	26.1	46.5	20.0
8-1-6	2500	20.4	4.625×10^{-3}	71.8	26.2	47.5	21.0
8-1-7	3000	20.5	3.971×10^{-3}	72.1	26.0	47.9	21.4

从表 8-1 可以看出，表面活性剂浓度对聚合物/表面活性剂二元复合驱增油效果（采收率）存在影响。在聚合物浓度相同条件下，随表面活性剂浓度增加，二元复合驱采收率增加。当表面活性剂浓度为 0.15%～0.2% 时，采收率增幅为2.2%，是几个相邻浓度采收率增幅值中最大的。进一步研究发现，随表面活性剂浓度增加，二元体系与原油间界面张力降低。当界面张力由 10^{-2} 降低至 10^{-3}数量级时，采收率增幅变化较大。当界面张力实现超低界面张力（10^{-3}mN/m）后，随表面活性剂浓度增加，采收率增大，但增幅逐渐减小。

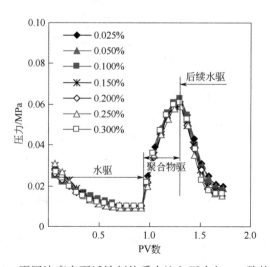

图 8-1　不同浓度表面活性剂体系中注入压力与 PV 数的关系

（2）动态特征

实验过程中不同表面活性剂浓度的注入压力、含水率和采收率与注入 PV 数的关系（即动态特征）见图 8-1～图 8-3。

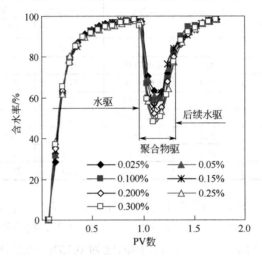

图 8-2 不同浓度表面活性剂体系中含水率与 PV 数的关系

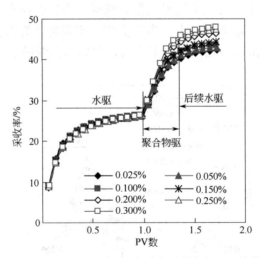

图 8-3 不同浓度表面活性剂体系中采收率与 PV 数的关系

从图 8-1～图 8-3 可以看出，随表面活性剂浓度增加，注入压力几乎保持恒定，含水率小幅度下降，采收率小幅度增加。

（3）技术经济效益

表面活性剂浓度与聚合物/表面活性剂二元复合驱"产出/投入"关系见表 8-2。

表 8-2　表面活性剂浓度与"产出/投入"关系

方案	表活性剂浓度/%(mg/L)	采收率增值/%	原油产值/万元	投入总费用/万元	产出/投入
8-1-1	250	7.90	1436.0	182.5	7.87
8-1-2	500	8.25	1499.6	197.1	7.61
8-1-3	1000	8.65	1572.3	226.4	6.94
8-1-4	1500	8.90	1617.8	255.7	6.33
8-1-5	2000	10.0	1817.7	285.0	6.38
8-1-6	2500	10.5	1908.6	314.3	6.07
8-1-7	3000	10.7	1944.9	343.6	5.66

从表 8-2 可以看出，随表面活性剂浓度增加，原油产值和药剂价格逐渐增加，"产出/投入"呈"下降、上升、下降"趋势。从技术经济效益方面考虑，合理表面活性剂浓度为 2000mg/L（2%）左右。

8.2.2　聚合物浓度对聚合物驱增油效果的影响

（1）采收率

聚合物浓度对聚合物驱增油效果影响实验结果见表 8-3。

表 8-3　采收率实验数据

方案	聚合物浓度/(mg/L)	工作黏度/(mPa·s)	含油饱和度/%	采收率/%		采收率增幅/%
				水驱	化学驱	
8-2-0	—	0.8	72.0	26.5	—	—
8-2-1	1000	13.6	71.8	26.1	39.5	13.0
8-2-2	1500	32.2	71.9	26.2	44.5	18.0
8-2-3	2000	63.5	72.2	26.3	46.2	19.7
8-2-4	2500	139.3	72.1	25.9	47.2	20.7
8-2-5	3000	203.0	72.3	26.0	47.8	21.3
8-2-6	3500	282.1	72.3	26.1	48.2	21.7
8-2-7	4000	378.4	71.8	26.2	48.5	22.0
8-2-8	5000	581.0	72.4	25.9	48.9	22.4

从表 8-3 可以看出，聚合物浓度对聚合物驱的增油效果（采收率）存在影响。随聚合物浓度提高，聚合物驱采收率增加，但增幅逐渐趋于稳定。当聚合

物浓度从 1000mg/L 增加到 1500mg/L 时，采收率增幅为 5.0%，是几个相邻浓度聚合物驱采收率差值中最大的值。

（2）动态特征

实验过程中不同聚合物浓度的注入压力、含水率和采收率与注入 PV 数的关系（即动态特征）见图 8-4～图 8-6。

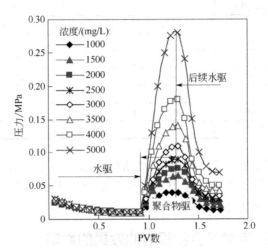

图 8-4　注入压力与 PV 数的关系

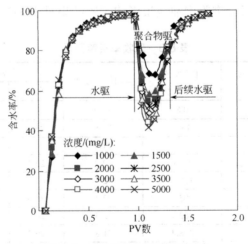

图 8-5　含水率与 PV 数的关系

从图 8-4～图 8-6 可以看出，随聚合物浓度增加，注入压力升高，含水率下降，采收率增加，但增幅逐渐减小。

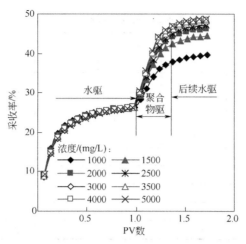

图 8-6 采收率与 PV 数的关系

（3）技术经济效益

聚合物浓度与聚合物驱"产出/投入"关系见表 8-4。

表 8-4 聚合物浓度与"产出/投入"关系

方案 \ 参数	聚合物浓度 /(mg/L)	采收率增值/%	原油产值/万元	投入总费用 /万元	产出/投入
8-2-1	1000	6.50	1181.5	155.8	7.58
8-2-2	1500	9.00	1635.9	175.8	9.31
8-2-3	2000	9.85	1790.4	195.8	9.15
8-2-4	2500	10.35	1881.3	215.8	8.72
8-2-5	3000	10.65	1935.9	235.7	8.21
8-2-6	3500	10.85	1972.2	255.7	7.71
8-2-7	4000	11.00	1999.5	275.7	7.25
8-2-8	5000	11.20	2035.8	315.6	6.45

从表 8-4 可以看出，随聚合物浓度提高，原油产值和聚合物药剂价格逐渐增加，"产出/投入"呈先上升后下降趋势。从技术经济效益方面考虑，聚合物浓度的合理范围为 1500mg/L～2000mg/L。

8.2.3 聚合物浓度对聚合物/表面活性剂二元复合驱增油效果的影响

（1）采收率

在表面活性剂浓度为 0.2%（2000mg/L）条件下，聚合物浓度对聚合物/表面活性剂二元复合驱增油效果影响实验结果见表 8-5。

表 8-5 采收率实验数据

方案＼参数	聚合物浓度 /(mg/L)	工作黏度 /(mPa·s)	界面张力 /(mN/m)	含油饱和度/%	采收率/%		采收率增幅/%
					水驱	化学驱	
8-3-0	—	0.8	—	72.0	26.5	—	—
8-3-1	1000	13.9	4.452×10^{-3}	72.3	26.1	44.0	17.5
8-3-2	1500	32.8	5.326×10^{-3}	72.0	25.9	49.5	23.0
6-3-3	2000	63.9	5.910×10^{-3}	72.2	26.1	51.2	24.7
8-3-4	2500	139.9	6.258×10^{-3}	71.9	25.8	52.3	25.8
8-3-5	3000	203.9	6.662×10^{-3}	72.1	26.0	53.0	26.5
8-3-6	3500	282.9	7.030×10^{-3}	71.8	26.2	53.4	26.9
8-3-7	4000	378.9	7.592×10^{-3}	72.4	26.0	53.7	27.2
8-3-8	5000	581.9	8.031×10^{-3}	72.3	25.8	54.1	27.6

从表 8-5 可以看出，聚合物浓度对聚合物/表面活性剂二元复合驱增油效果（采收率）存在影响。在表面活性剂浓度相同条件下，随聚合物浓度提高，二元复合驱采收率增加，但增幅逐渐趋于稳定。当聚合物浓度从 1000mg/L 增加到 1500mg/L 时，采收率增幅为 5.5%，是几个相邻聚合物浓度二元驱采收率差值中最大的值。

（2）动态特征

实验过程中不同聚合物浓度的注入压力、含水率和采收率与注入 PV 数的关系（即动态特征）见图 8-7～图 8-9。

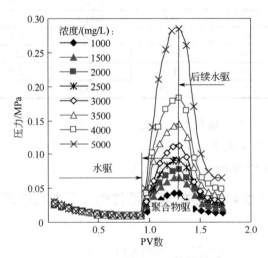

图 8-7　注入压力与 PV 数的关系

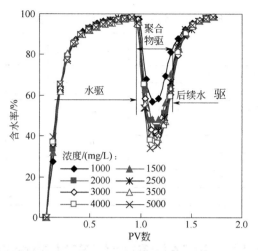

图 8-8　含水率与 PV 数的关系

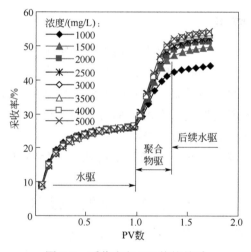

图 8-9　采收率与 PV 数的关系

从图 8-7～图 8-9 可以看出，随聚合物浓度增加，注入压力升高，含水率下降，采收率增加，但增幅逐渐减小。

（3）技术经济效益

聚合物浓度与聚合物/表面活性剂二元复合驱"产出/投入"关系见表 8-6。

从表 8-6 可以看出，随聚合物浓度升高，原油产值和药剂价格逐渐增加，"产出/投入"呈现"先升后降"趋势。在聚合物浓度相同条件下，与二元复合驱相比较，聚合物驱"产出/投入"值较高。

表 8-6　聚合物浓度与"产出/投入"关系

方案	聚合物浓度/(mg/L)	采收率增值/%	原油产值/万元	投入总费用/万元	产出/投入
8-3-1	1000	8.75	1590.5	273.0	5.83
8-3-2	1500	11.50	2090.4	293.0	7.14
8-3-3	2000	12.35	2244.9	312.9	7.17
8-3-4	2500	12.90	2344.8	332.9	7.04
8-3-5	3000	13.25	2408.5	352.9	6.83
8-3-6	3500	13.45	2444.8	372.9	6.56
8-3-7	4000	13.60	2472.1	392.8	6.29
8-3-8	5000	13.80	2508.4	432.8	5.80

8.3　化学驱扩大波及体积与提高洗油效率主次关系

8.3.1　采收率贡献率

与聚合物溶液相比较，二元复合体系中聚合物浓度相同，它们的黏度相同（相当）即流度控制能力相同（相当），只是洗油能力（界面张力）存在差异。因此，可以认为它们间驱油效果（采收率）的差异是由于洗油效率的不同造成的。为了描述驱油剂流度控制和洗油效率对驱油效果（采收率）的贡献，以下定义二元复合体系流度控制能力对采收率贡献率：

流度控制（扩大波及体积）对采收率贡献率=聚合物驱采收率/二元复合驱采收率

洗油效率贡献率=1-流度控制贡献率

8.3.2　驱油剂组成对采收率贡献率的影响

聚合物浓度对聚合物/表面活性剂二元驱采收率贡献率影响计算结果见表 8-7。

表 8-7　采收率贡献率数据

序号	聚合物浓度/(mg/L)	采收率增幅/%		采收率贡献率/%	
		聚合物驱	二元复合驱	流度控制	洗油效率
1	1000	13.0	17.5	74.3	25.7
2	1500	18.0	23.0	78.3	21.7
3	2000	19.7	24.7	79.8	20.2
4	2500	20.7	25.8	80.2	19.8

序号	聚合物浓度/(mg/L)	采收率增幅/%		采收率贡献率/%	
		聚合物驱	二元复合驱	流度控制	洗油效率
5	3000	21.3	26.5	80.4	19.6
6	3500	21.7	26.9	80.7	19.3
7	4000	22.0	27.2	80.9	19.1
8	5000	22.4	27.6	81.2	18.8

从表 8-7 可以看出，随聚合物浓度增加，二元复合体系流度控制能力对采收率的贡献率增加，但增幅逐渐趋于稳定。当聚合物浓度从 1000mg/L 增加到 1500mg/L 时，二元体系流度控制能力对采收率贡献率从 74.3%增加到 78.3%，增幅为 4.0%，是相邻聚合物浓度二元复合驱流度控制对采收率贡献率增幅最大的值。

8.3.3 岩心渗透率和非均质性对采收率贡献率的影响

（1）渗透率

在原油黏度 μ_o=20mPa·s 条件下，岩心渗透率（均质岩心）对聚合物溶液和二元复合体系采收率影响实验结果见表 8-8。

表 8-8 采收率实验数据（μ_o=20mPa·s）

方案编号	渗透率$K_g/\mu m^2$	驱油剂	工作黏度/(mPa·s)	界面张力/(mN/m)	含油饱和度/%	采收率/%		采收率增幅/%
						水驱	化学驱	
8-4-1	0.3	水	0.8	—	70.9	35.7		—
8-4-2		聚合物	11.3	—	70.6	34.3	40.7	5.0
8-4-3		二元体系	11.2	$1.728×10^{-3}$	70.5	34.1	43.2	7.5
8-4-4	0.9	水	0.8	—	72.5	39.2		—
8-4-5		聚合物	11.0	—	72.4	37.7	46.2	7.0
8-4-6		二元体系	11.1	$1.845×10^{-3}$	72.4	37.9	49.2	10.0
8-4-7	2.7	水	0.8	—	75.9	44.1		—
8-4-8		聚合物	11.4	—	75.8	42.2	53.1	9.0
8-4-9		二元体系	11.4	$1.562×10^{-3}$	75.9	42.3	56.3	12.2

从表 8-8 可以看出，岩心渗透率和驱油剂类型对化学驱驱油效率（采收率）存在影响。在驱油剂类型相同条件下，随岩心渗透率增加，采收率增幅增大。在岩心渗透率相同条件下，与聚合物驱相比，二元复合驱采收率增幅

较大。

流度控制和洗油效率对采收率贡献率计算结果见表 8-9。

表 8-9　采收率贡献率（μ_o=20mPa·s）

序号	渗透率/μm²	采收率增幅/%		采收率的贡献率/%	
		聚合物驱	二元复合驱	流度控制	洗油效率
1	0.3	5.0	7.5	66.7	33.3
2	0.9	7.0	10.0	70.0	30.0
3	2.7	9.0	12.2	73.8	26.2

从表 8-9 可以看出，随岩心渗透率增大，流度控制对采收率的贡献率增加，洗油效率的贡献率减小。当岩心渗透率为 2.7μm² 时，流度控制对采收率贡献率为 73.8%，是 3 种渗透率岩心的最大值。

（2）渗透率变异系数

在原油黏度 μ_o=20mPa·s 和岩心平均渗透率 K 平均=0.5μm² 条件下，渗透率变异系数对聚合物溶液和二元复合体系采收率影响实验结果见表 8-10。

表 8-10　采收率数据（K_g=0.5μm²，μ_o=20mPa·s）

方案编号	渗透率变异系数（V_K）	驱油剂类型	工作黏度/(mPa·s)	界面张力/(mN/m)	含油饱和度/%	采收率/%		采收率增幅/%
						水驱	化学驱	
8-5-1		水	0.8	—	71.0	28.5		
8-5-2	0.25	聚合物	11.2	—	70.9	27.8	40.2	11.7
8-5-3		二元体系	11.1	1.651×10⁻³	70.7	27.7	45.3	16.8
8-5-4		水	0.8	—	70.5	26.0	—	
8-5-5	0.59	聚合物	11.1	—	70.5	25.6	38.8	12.8
8-5-6		二元体系	11.2	1.414×10⁻³	70.6	25.7	44.1	18.1
8-5-7		水	0.8	—	70.0	23.5		
8-5-8	0.72	聚合物	11.1	—	70.0	22.8	38.2	14.7
8-5-9		二元体系	11.1	1.661×10⁻³	70.1	22.8	42.8	19.3

从表 8-10 可以看出，在驱油剂类型相同条件下，随渗透率变异系数增加，采收率减小。在渗透率变异系数相同的条件下，与聚合物驱相比，二元复合驱采收率增幅较大。

流度控制和洗油效率对采收率的贡献率计算结果见表 8-11。

表 8-11　采收率贡献率（K_g=0.5μm^2，μ_o=20mPa·s）

序号	渗透率变异系数（V_K）	采收率增幅/%		采收率的贡献率/%	
		聚合物驱	二元复合驱	流度控制	洗油效率
1	0.25	11.7	16.8	69.6	30.4
2	0.59	12.8	18.1	70.6	29.4
3	0.72	14.7	19.3	76.2	23.8

从表 8-11 可以看出，随岩心渗透率变异系数增大，二元复合体系流度控制能力对采收率的贡献率增加，洗油效率的贡献率减小。当渗透率变异系数为 0.72 时，流度控制能力对采收率的贡献率为 76.2%，是 3 种渗透率变异系数岩心中最大的。

在原油黏度 μ_o=20mPa·s 和岩心平均渗透率 $K_{平均}$=0.9μm^2 条件下，岩心渗透率变异系数对聚合物溶液和二元复合体系驱油效果（采收率）影响实验结果见表 8-12。

表 8-12　采收率实验数据（K_g=0.9μm^2，μ_o=20mPa·s）

方案编号	渗透率变异系数（V_K）	驱油剂类型	工作黏度/(mPa·s)	界面张力/(mN/m)	含油饱和度/%	采收率/%		采收率增幅/%
						水驱	化学驱	
8-6-1		水	0.8	—	72.0	30.5	—	—
8-6-2	0.25	聚合物	11.2	—	72.2	29.5	43.3	12.8
8-6-3		二元体系	11.2	1.799×10^{-3}	72.3	29.6	48.7	18.2
8-6-4		水	0.8	—	71.5	28.0	—	—
8-6-5	0.59	聚合物	11.0	—	71.4	27.1	41.6	13.6
8-6-6		二元体系	11.1	1.624×10^{-3}	71.3	27.0	47.1	19.1
8-6-7		水	0.8	—	71.0	25.5	—	—
8-6-8	0.72	聚合物	11.1	—	71.0	25.0	41.3	15.8
8-6-9		二元体系	11.2	1.561×10^{-3}	71.1	24.8	45.8	20.3

从表 8-12 可以看出，在驱油剂类型相同条件下，随岩心渗透率变异系数增大，采收率增大。在岩心渗透率变异系数相同条件下，与聚合物驱相比，二元复合驱采收率增幅较大。

流度控制和洗油效率对采收率的贡献率计算结果见表 8-13。可以看出，随岩心渗透率变异系数增加，驱油剂流度控制能力对采收率的贡献率增大，洗油效率的贡献率减小。当岩心渗透率变异系数为 0.72 时，流度控制对采收率贡献率为 77.8%，是 3 个岩心渗透率变异系数的最大值。

表 8-13 采收率贡献率（K_g=0.9μm^2，μ_o=20mPa·s）

序号	渗透率变异系数 (V_K)	采收率增幅/%		采收率的贡献率/%	
		聚合物驱	二元复合驱	流度控制	洗油效率
1	0.25	12.8	18.2	70.3	29.7
2	0.59	13.6	19.1	71.2	28.8
3	0.72	15.8	20.3	77.8	22.2

在原油黏度 μ_o=20mPa·s 和岩心平均渗透率 K 平均=1.3μm^2 条件下，岩心渗透率变异系数对聚合物溶液和二元复合体系驱油效果（采收率）影响实验结果见表 8-14。可以看出，在驱油剂类型相同条件下，随岩心渗透率变异系数增大，采收率增大。在岩心渗透率变异系数相同条件下，与聚合物驱相比，二元复合驱采收率增幅较大。

表 8-14 采收率数据（K_g=1.3μm^2，μ_o=20mPa·s）

方案编号	渗透率变异系数 (V_K)	驱油剂类型	工作黏度/(mPa·s)	界面张力/(mN/m)	含油饱和度/%	采收率/%		采收率增幅/%
						水驱	化学驱	
8-7-1		—			72.9	31.5	—	
8-7-2	0.25	聚合物	11.2	--	72.9	30.5	44.9	13.4
8-7-3		二元体系	11.3	1.764×10^{-3}	72.7	30.6	50.4	18.9
8-7-4		—			72.4	29.0	—	
8-7-5	0.59	聚合物	11.2		72.5	28.5	43.5	14.5
8-7-6		二元体系	11.2	1.625×10^{-3}	72.6	28.4	49.0	20.0
8-7-7		—			72.0	26.5	—	
8-7-8	0.72	聚合物	11.1		72.1	26.0	43.2	16.7
8-7-9		二元体系	11.2	1.589×10^{-3}	71.9	26.1	47.5	21.0

流度控制能力和驱油效率对采收率贡献率计算结果见表 8-15。可以看出，随岩心渗透率变异系数增大，驱油剂流度控制能力对采收率的贡献率增大，洗油效率的贡献率减小。当岩心渗透率变异系数为 0.72 时，流度控制贡献率达79.5%，是 3 种渗透率变异系数的最大值。

表 8-15 采收率贡献率（K_g=1.3μm^2，μ_o=20mPa·s）

序号	渗透率变异系数 (V_K)	采收率增幅/%		采收率的贡献率/%	
		二元复合驱	聚合物驱	流度控制	洗油效率
1	0.25	13.4	18.9	70.9	29.1
2	0.59	14.5	20.0	72.5	27.5
3	0.72	16.7	21.0	79.5	20.5

8.3.4 黏度比对二元复合驱采收率贡献率的影响

在原油黏度 μ_o=20mPa·s、K_g=1.3μm^2 时，调节不同黏度比（μ_p/μ_o）条件下，聚合物溶液和二元复合体系驱油效果（采收率）实验结果见表8-16。

表 8-16　采收率实验数据（K_g=1.3μm^2，μ_o=20mPa·s）

方案编号	黏度比（μ_w/μ_o）	驱油剂类型	工作黏度/(mPa·s)	界面张力/(mN/m)	含油饱和度/%	采收率/%		采收率增幅/%
						水驱	化学驱	
8-8-1	0.04	水	0.8	—	72.4	29.0	—	—
8-8-2	0.1	聚合物	2.2	—	72.2	28.5	39.0	10.0
8-8-3		二元体系	2.2	2.364×10^{-3}	72.2	28.6	44.3	15.3
8-8-4	0.6	聚合物	11.2	—	72.5	28.5	43.5	14.5
8-8-5		二元体系	11.2	1.625×10^{-3}	72.6	28.4	49.0	20.0
8-8-6	0.8	聚合物	15.6	—	72.2	28.4	44.7	15.7
8-8-7		二元体系	15.7	1.379×10^{-3}	72.1	28.5	50.3	21.3
8-8-8	0.9	聚合物	18.8	—	72.3	28.5	45.1	16.1
8-8-9		二元体系	18.8	1.248×10^{-3}	72.4	28.4	50.8	21.8
8-8-10	1.9	聚合物	38.3	—	72.3	28.6	46.4	17.4
8-8-11		二元体系	38.2	1.432×10^{-3}	72.3	28.7	52.3	23.3
8-8-12	3.7	聚合物	74.3	—	72.4	28.6	47.5	18.5
8-8-13		二元体系	74.2	1.274×10^{-3}	72.3	28.8	53.6	24.6
8-8-14	8.3	聚合物	166.5	—	72.3	28.5	48.7	19.7
8-8-15		二元体系	166.6	6.751×10^{-3}	72.3	28.5	54.9	25.9

从表8-16可以看出，在驱油剂类型相同条件下，随黏度比增加，采收率增大。在黏度比相同的条件下，与聚合物驱相比，二元复合驱采收率增幅较大。

原油黏度 μ_o=20mPa·s，K_g=1.3μm^2 流度控制和洗油效率对采收率贡献率计算结果见表8-17。

表 8-17　采收率贡献率（K_g=1.3μm^2，μ_o=20mPa·s）

序号	黏度比（μ_p/μ_o）	采收率增幅/%		采收率的贡献率/%	
		聚合物驱	二元复合驱	流度控制	洗油效率
1	0.1	10.0	15.3	65.4	34.6
2	0.6	14.5	20.0	72.5	27.5
3	0.8	15.7	21.3	73.7	26.3
4	0.9	16.1	21.8	73.9	26.1

序号	黏度比（μ_p/μ_o）	采收率增幅/%		采收率的贡献率/%	
		聚合物驱	二元复合驱	流度控制	洗油效率
5	1.9	17.4	23.3	74.7	25.3
6	3.7	18.5	24.6	75.2	24.8
7	8.3	19.7	25.9	76.1	23.9

从表 8-17 可以看出，随黏度比增加，驱油剂流度控制能力对采收率的贡献率增大，洗油效率的贡献率减小。当黏度比等于 8.3 时，流度控制对采收率贡献率为 76.1%，是 7 个黏度比的最大值。

8.4　小结

① 随油藏原油黏度、储层平均渗透率和渗透率变异系数增加，驱油剂流度控制作用对采收率贡献率增大，洗油效率的贡献率减小。

② 驱油剂流度控制（扩大波及体积）作用对采收率贡献率超过 65%，是制约化学驱增油效果的主要矛盾，必须给予足够重视。

参考文献

[1] 张方礼. 高凝油油藏地质与开发[M]. 北京：石油工业出版社, 2007.

[2] 刘翔鹗. 高凝油油藏开发模式[M]. 北京：石油工业出版社, 1997.

[3] 张方礼, 高金玉. 静安堡高凝油油藏[M]. 北京：石油工业出版社, 1997.

[4] 李永太, 刘易非, 康长久. 提高石油采收率原理和方法[M]. 北京：石油工业出版社, 2008：46-47.

[5] 谢文彦, 李晓光, 陈振岩, 等. 辽河油区稠油及高凝油勘探开发技术综述[J]. 石油学报, 2007, 28(4)：145-150.

[6] 温静, 肖传敏, 郭斐, 等. 高凝油藏微生物驱提高采收率技术实验研究[J]. 特种油气藏:1-10.

[7] 传智, 刘力军, 李志涛, 等. 高凝油藏中蜡沉积对开发效果的影响[J]. 中国石油大学学报(自然科学版), 2017, 41(3): 98-104.

[8] 曹伟佳, 卢祥国, 苏鑫, 等. 疏水缔合聚合物/表面活性剂二元体系性能研究[J]. 油田化学, 2016(02)：305-310.

[9] 苏鑫, 卢祥国, 曹伟佳, 等. Ca^{2+}和Mg^{2+}对聚/表二元体系性能影响研究—以大港孔南高盐高温高凝油藏为例[J]. 石油化工高等学校学报, 2016, 29(2): 71-75.

[10] 姜彬, 邱凌, 刘向东, 等. 固相沉积模型在高凝油藏注水开发中的应用[J]. 石油学报, 2015, 36(1): 101-105.

[11] 谢坤, 卢祥国, 姜维东, 等. 稠油油藏聚合物驱相对渗透率曲线及驱油效率影响因素[J]. 油田化学, 2014(4): 554-558.

[12] 杨小丽, 房磊, 徐伟, 等. 裂谷盆地高凝油藏扇三角洲沉积演化模式[J]. 特种油气藏, 2016, 23(2): 18-21.

[13] 李军生, 庞雄奇, 宁金华, 等. 辽河坳陷曹台潜山太古宇高凝油藏封闭特征[J]. 石油勘探与开发, 2011, 38(2): 191-195.

[14] 刘海庆, 姚传进, 蒋宝云, 等. 低渗高凝油藏堵塞机理及解堵增产技术研究[J]. 特种油气藏, 2010, 17(06): 103-106.

[15] 张新征, 李薇, 郭睿, 等. 高凝油藏注CO_2开采方式优选室内实验研究[J]. 大庆石油地质与开发, 2008(03): 110-112.

[16] 宋子齐, 谢向阳, 王浩, 等. 高凝油藏水淹层精细评价的分析处理方法[J]. 大庆石油地质与开发, 2002(03): 24-27.

[17] 卢祥国, 谢坤, 曹豹, 等. Cr^{3+}聚合物凝胶成胶效果及其影响因素[J]. 中国石油大学学报(自然科学版), 2015(03): 170-176.

[18] 孟卫工, 陈振岩, 李湃, 等. 潜山油气藏勘探理论与实践—以辽河坳陷为例[J]. 石油勘探与开发, 2009, 36(2): 136-143.

[19] 梁振宇. 大民屯前进构造带含油系统研究与评价[J]. 石油天然气学报 2006, 28(2): 34-38.

[20] 鲁卫华, 谷团, 稽俊成, 等. 辽河盆地深层油气成藏条件与勘探前景[J]. 油气地质与采收率, 2007, 14(6): 26-28.

[21] 刘进祥, 卢祥国, 王荣健, 等. 强碱三元体系与萨中地区油藏适应性研究[J]. 西安石油大学学报(自然科学版), 2016(04):57-63.

[22] 孟卫工. 辽河坳陷大民屯凹陷古近系盖层特征及对油气系统的影响[J]. 古地理学报, 2005, 7(1): 25-33.

[23] 牛丽伟, 卢祥国, 杨怀军, 等. 二元复合驱流度控制作用效果及其合理流度比研究[J]. 中国石油大学学报, 2014, 38(1): 148-154.

[24] 隋军, 廖广志, 牛金刚. 大庆油田聚合物驱油动态特征及驱油效果影响因素分析[J]. 大庆石油地质与开发, 1999, 18(5): 17-20.

[25] 吴文祥, 侯吉瑞, 张云祥, 等. 聚合物分子量对聚合物驱油效率的影响[J]. 油田化学, 1996, 13(3): 244-247.

[26] 刘进祥, 卢祥国, 刘敬发, 等. 交联聚合物溶液在岩心内成胶效果及机理[J]. 石油勘探与开发, 2013(04): 474-480.

[27] 刘进祥, 卢祥国, 周彦霞, 等. 岩石孔隙对两性离子聚合物凝胶成胶效果影响[J]. 中国石油大学学报(自然科学版), 2014(02):171-179.

[28] 刘进祥, 卢祥国, 王荣健, 等. 高矿化度下特殊黏弹性流体的性能评价及驱油机制研究[J]. 中国石油大学学报(自然科学版), 2013(01): 159-166.

[29] 卢祥国, 高振环. 聚合物分子量与岩心渗透率配伍性[J]. 油田化学, 1996, 13(1): 72-75.

[30] 宋考平, 任刚, 夏惠芬, 等. 变黏度聚合物驱提高采收率方法[J]. 东北石油大学学报, 2010, 34(5): 71-74.

[31] 曹瑞波. 聚合物驱剖面返转现象形成机理实验研究[J]. 油气地质与采收率, 2009, 1(64): 71-73.

[32] 王晓燕, 卢祥国, 姜维东. 正负离子和表面活性剂对水解聚丙烯酰胺分子线团尺寸的影响及其作用机理[J]. 高分子学报, 2009(12): 1259-1265.

[33] 卢祥国, 王晓燕, 李强, 等. 高温高矿化度条件下驱油剂中聚合物分子结构形态及其在中低渗油层中的渗流特性[J]. 化学学报, 2010, 68(12): 1229-1234.

[34] 胡淑琼, 卢祥国, 苏延昌, 等. 碱、表面活性剂和聚合物对储层溶蚀作用及其机理研究[J]. 油田化学, 2013(03): 425-429.

[35] 卢祥国, 姜维东, 王晓燕. Cr^{3+}、碱和表面活性剂对聚合物分子构型及渗流特性影响[J]. 石油学报, 2009, 30(05): 749-754.

[36] 张海红, 王晓燕, 牛丽伟等. SJT-B 表面活性剂/聚合物二元复合体系性能评价[J]. 大庆石油学院学报, 2009, 33(01): 24-28.

[37] Xie K, Cao K, Lu X G, et al. Matching between the diameter of the aggregates of hydrophobically associating polymers and reservoir pore-throat size during polymer flooding in an offshore oilfield. Journal of petroleum science & engineering, 2019, 177: 558-569.

[38] 夏惠芬, 王德民, 刘仲春, 等. 黏弹性聚合物溶液提高微观驱油效率的机理研究[J]. 石油学报, 2001, 22(4): 60-65.

[39] Xie K, Lu X G, Pan H, et al. Analysis of dynamic imbibition effect of surfactant in micro cracks in reservoir with high temperature and low permeability [J]. SPE Production &Operations, 2018, 33(3), 596-606.

[40] 陈中华, 李华斌, 曹宝格. 复合驱中界面张力数量级与提高采收率的关系研究[J]. 海洋石油, 2005, 25(3): 53-57.

[41] Xie K, Lu X G, Li Q, et al. Analysis of reservoir applicability of hydrophobically associating polymer, SPE-174553-PA, SPE Journal, 2015.

[42] 马俊涛. 疏水缔合型聚丙烯酰胺的合成与性能及其与离子表面活性剂的相互作用[D]. 成都: 四川大学, 2002.

[43] 叶仲斌, 施雷庭. 新型缔合聚合物与面活性剂的相互作用[J]. 西南石油大学学报, 2003, 25(1): 55-58.

[44] 韩丽娟. 油气开采用疏水缔合聚合物的研究[D]. 重庆: 西南石油大学, 2004.

[45] 周晖, 黄荣华. 疏水缔合水溶性丙烯酰胺-丙烯酸正辛醋共聚物的溶液性明[J]. 油田化学, 1997, 14(3):

252-256.

[46] 张熙, 黄荣华. 耐温抗盐聚合物驱油剂研究进展[A]. 提高石油采收率驱油剂研讨会[C]: 北京, 1998, 5.

[47] 谢坤, 卢祥国, 姜维东, 等. 抗盐聚合物储层适应性及其作用机理研究[J]. 中国石油大学学报(自然科学版), 2017(03):170-176.

[48] 冯玉军. 疏水缔合水溶性聚合物溶液结构及其对溶液流变性影响的研究[D]. 成都: 西南石油学院, 1999.

[49] 甘平西, 熊兴禄. 深井聚合物钻井液处理的研究与应用[J]. 钻采工艺, 1996, 19(2): 57-64.

[50] 郭拥军. 水溶性聚合物/表面活性剂相互作用研究—从溶液到固/液界面[D]. 成都: 西南石油学院, 1999.

[51] 张继风, 叶仲斌, 李志军, 等. 疏水缔合聚合物 HAP 在石英砂上的吸附特性研究[J]. 天然气勘探与开发, 2004, 12, 48-51.

[52] 徐鹏. 疏水缔合水溶性聚合物溶液微观结构研究及表面活性剂对其流变性的影响[D]. 西南石油学院博士论文, 2001.

[53] 冯玉军, 王周玉, 李富生, 等. 疏水改性聚丙烯酰胺的溶解性能研究[J]. 西南石油大学学报, 2001, 23(6): 56-59.

[54] 冯玉军, 罗平亚. 油气开采用水溶性疏水缔合聚合物溶液结构的研究[A]. 见: 第二界"油气藏开发工程"国际学术研讨会议论文集[C], 北京: 石油工业出版社, 2000, 9.

[55] 陈洪, 韩丽娟, 徐鹏, 等. 疏水改性聚丙烯酸胺的增黏机理研究[J]. 物理化学学报, 2003, 19(11): 1020-1024.

[56] 韩丽娟, 罗平亚, 叶仲斌, 等. 疏水缔合聚丙烯酰胺的微观结构研究. 天然气工业, 2004, 24(12): 119-121.

[57] 王健, 罗平亚, 郑焰, 等. 大庆油田条件下疏水缔合两性聚合物三元复合驱和聚合物驱体系的应用性能[J]. 油田化学, 2000, 17(2): 168-171.

[58] 王健, 罗平亚, 张国庆. 疏水缔合两性聚合物 NAPS 水溶液的渗流性质[J]. 油田化学, 2001, 18(2): 152-154.

[59] 曹亚, 张熙, 李惠林, 等. 高分子材料在采油工程中的应用与展望[J]. 油田化学, 2003, 20(1): 94-98.

[60] 郭拥军, 李健. 疏水改性水溶性聚合物/表面活性剂溶液黏度特性[J]. 应用化学, 1999, 16(6): 56-58.

[61] 周晖, 黄荣华. 疏水缔合水溶性丙烯酰胺-丙烯酸正辛醋共聚物的溶液性能明[J]. 油田化学, 1997, 14(3): 252-256.

[62] 冯玉军, 郑焰, 罗平亚. 疏水缔合聚丙烯酰胺的合成及溶液性能研究[J]. 化学研究与应用, 2000, 12(1): 70-73.

[63] 季梅芳, 王建全, 耿同谋, 等. 水缔合水溶性聚合物 AO 的溶液黏度行为研究功能[J]. 高分子学报, 2003, 16(3): 387-391.

[64] 叶林, 黄荣华. 水溶性疏水两性共聚物溶液性能的研究[J]. 高分子材料科学与工程, 1998, 14(3): 67-70.

[65] 刘平德, 牛亚斌, 卜家泰, 等. 疏水缔合三元共聚物的合成与性能研究[J]. 石油与天气化工, 2002, 31(2): 984-988.

[66] 张继风, 叶仲斌, 杨建军, 等. 疏水缔合聚合物对高温稠油油藏的驱油效率室内研究[J]. 重庆石油高等专科学校学报, 2004, 6(2): 27-28.

[67] 谭芳, 赵光勇, 贾朝霞, 等. 一种疏水缔合水溶性聚合物的合成及性能评价[J]. 西南石油学院学报, 2004, 26(2): 60-63.

[68] 张岩, 岳前声, 向兴金. 疏水缔合型水溶性聚合物的合成性质与应用[J]. 钻井液与完井液, 2001, 18(2): 44-46.

[69] 罗开富, 叶林. 疏水缔合水溶性聚合物的溶液性质[J]. 油田化学, 1999, 16(3): 286-290.

[70] Hatzignatiou D G, Askarinezhad R, Giske N H, et al. Laboratory Testing of Environmentally Friendly Sodium

Silicate Systems for Water Management Through Conformance Control [J]. SPE Production and Operations, 2016, 31(4): 337-350.

[71] Askarinezhad R, Hatzignatiou D G, Stavland A, et al. Disproportionate Permeability Reduction of Water-Soluble Silicate Gelants: Importance of Formation Wettability [J]. SPE Production and Operations, 2017, 32(3): 362-373.

[72] Hatzignatiou D G, Helleren J, Stavland A, et al. Numerical Evaluation of Dynamic Core-Scale Experiments of Silicate Gels for Fluid Diversion and Flow-Zone Isolation [J]. SPE Production and Operations, 2014, 29(2): 22-138.

[73] 黄雪红, 许国强. 疏水缔合聚合物 P(AM/AT)溶液性质的研究[J]. 精细化工, 2000, 3.

[74] 刘平德, 牛亚斌, 卜家泰, 等. 疏水缔合三元共聚物的合成与性能研究[J]. 石油与天然气化工, 2002, 31(2): 91-92.

[75] 叶仲斌, 施雷庭. 新型缔合聚合物与面活性剂的相互作用[J]. 西南石油大学学报, 2003, 25(1): 55-58.

[76] 吕茂森, 贺爱民, 刘建红. 耐温抗盐 P4 型缔合聚合物的性能评价研究[J]. 西部探矿工, 2002(6): 45-47.

[77] 李华斌, 罗平亚. 大庆油田疏水缔合聚合物驱物理实验模拟. 油田化学, 2001, 18(4): 338-341.

[78] 纪朝凤. 疏水缔合水溶性聚合物在多孔介质中缔合机理研究. 西南石油学院博士论文, 2004, 6.

[79] 岳湘安, 王尤富. 提高石油采收率基础[M]. 石油工业出版社, 2007, 8(1).

[80] Lakatos I, Lakatos-Szabo G, Szentes G. Revival of Green Conformance and IOR/EOR Technologies: Nanosilica Aided Silicate Systems-A Review[C]. SPE International Conference and Exhibition on Formation Damage Control. Society of Petroleum Engineers, 2018.

[81] Lochmann M, Brown I. Intelligent Energy: A Strategic Inflection Point[J]. SPE Economics & Management, 2016, 8(3): 59-67.

[82] Cao W J, Xie K, Lu X G, et al. Effect of profile-control oil-displacement agent on increasing oil recovery and its mechanism[J]. Fuel, 2019, 237: 1151-1160. SPE Reservoir Evaluation & Engineering, 2019.

[83] Aldhaheri M, Wei M Z, Zhang N, et al. A Review of Field Oil-Production Response of Injection-Well Gel Treatments[J]. SPE Reservoir Evaluation & Engineering, 2019, 2(22): 1-15.

[84] Juárez-Morejón J L, Bertin H, Omari A, et al. A New Approach to Polymer Flooding: Effects of Early Polymer Injection and Wettability on Final Oil Recovery[J]. SPE Journal, 2019, 24(1): 129-139.

[85] Fang J C, Zhang X, He L, et al. Experimental research of hydroquinone (HQ)/hexamethylene tetramine (HMTA) gel for water plugging treatments in high‐temperature and high‐salinity reservoirs[J]. Journal of Applied Polymer Science, 2017, 134(1):1-9.

[86] Qi N, Li B Y, Chen G B, et al. Heat-Generating Expandable Foamed Gel Used for Water Plugging in Low-Temperature Oil Reservoirs[J]. Energy & Fuels, 2018, 32(2): 1126-1131.

[87] Zhang Y, Cai H Y, Li J G, et al. Experimental study of acrylamide monomer polymer gel for water plugging in low temperature and high salinity reservoir[J]. Energy Sources, Part A: Recovery, Utilization, and Environmental Effects, 2018, 40(24): 2948-2959.

[88] Zhou Z J, Zhao J B, Zhou T, et al. Study on in-depth profile control system of low-permeability reservoir in block H of Daqing oil field[J]. Journal of Petroleum Science and Engineering, 2017, 157: 1192-1196.

[89] 邓鲁强, 葛红江, 许红恩, 等. 大港油田调剖前后吸水剖面变化与井组增油量关系研究[J]. 石油地质与工程, 2019, 33(4): 73-75.

[90] Brattekas B, Steinsbo M, Graue A, et al. New Insight Into Wormhole Formation in Polymer Gel During Water Chase Floods With Positron Emission Tomography [J]. SPE J, 2017, 22(1): 32-40.

[91] Bergit B S, Gabrielle P, Hilde T N, et al. Washout of Cr(III)-Acetate-HPAM Gels From Fractures: Effect of Gel State During Placement [J]. SPE Production and Operations, 2015, 30(2): 99-109.

[92] Reddy B R,Larry E, Dalrymple E D, et al. Natural Polymer-Based Compositions Designed for Use in Conformance Gel Systems [J]. SPE Production and Operations, 2005, 10(4): 385-393.

[93] 高慧梅. 二元复合驱用表面活性剂选择及作用机理研究[D]. 大庆: 大庆石油学院, 2004.

[94] 曹宝格. 驱油用疏水缔合聚合物溶液的流变性及黏弹性实验研究[D]. 成都: 西南石油大学, 2006.

[95] 李孟涛, 刘先贵, 杨孝君. 无碱二元复合体系驱油试验研究[J]. 石油钻采工艺, 2004, 26(5): 73-76.

[96] 韩培慧, 赵群, 穆爽书, 等. 聚合物驱后进一步提高采收率途径的研究[J]. 大庆石油地质与开发, 2006, 25(5): 81-84.

[97] 艾鹏, 王春光. 大庆油田二元、三元复合驱油体系的研究[J]. 油田化学, 2010, 27(3): 310-313.

[98] 李孟涛. 聚合物康面活性剂二元复合驱室内驱油试验研究[D]. 大庆: 大庆石油学院, 2003.

[99] 林莉平, 杨建军. 聚/表二元复合驱体系性能研究[J]. 断块油气田, 2004, 11(4): 44-45.

[100] 夏惠芬. 聚合物/两性表面活性剂二元体系提高水驱残余油采收率研究[J]. 钻采工艺, 2007, 30(3): 99-110

[101] El-Karsani K S M, Al-Muntasheri G A, Hussein I A. Polymer systems for water shutoff and profile modification: a review over the last decade[J]. SPE Journal, 2014, 19(1): 135-149.

[102] Sun L, Li D B, Pu W F, et al. Combining Preformed Particle Gel and Curable Resin-Coated Particles To Control Water Production from High-Temperature and High-Salinity Fractured Producers[J]. SPE Journal, 2019.

[103] Zhu D Y, Hou J R, Wei Q, et al. Development of a High-Temperature-Resistant Polymer-Gel System for Conformance Control in Jidong Oil Field[J]. SPE Reservoir Evaluation & Engineering, 2019, 22(1): 100-109.

[104] Liu Y F, Dai C L, Wang K, et al. Study on a novel cross-linked polymer gel strengthened with silica nanoparticles[J]. Energy & Fuels, 2017, 31(9): 9152-9161.

[105] Zhu D Y, Hou J R, Chen Y G, et al. Evaluation of terpolymer-gel systems crosslinked by polyethylenimine for conformance improvement in high-temperature reservoirs[J]. SPE Journal, 2019, 24(4): 1726-1740.

[106] Zhu D Y, Bai B J, Hou J R. Polymer gel systems for water management in high-temperature petroleum reservoirs: a chemical review[J]. Energy & fuels, 2017, 31(12): 13063-13087.

[107] Amir Z, Said I M, Jan B M. In situ organically cross-linked polymer gel for high-temperature reservoir conformance control: A review[J]. Polymers for Advanced Technologies, 2019, 30(1): 13-39.

[108] 刘进祥. 聚合物凝胶构效关系及其油藏适应性研究[D]. 大庆: 东北石油大学, 2013.

[109] 华帅. 多孔介质中弱凝胶的渗流和驱油特征可视化实验与数值模拟研究[D]. 上海: 上海大学, 2016.

[110] 陈铁龙, 周晓俊, 唐伏平, 等. 弱凝胶调驱提高采收率技术[M]. 石油工业出版社, 2006.

[111] Norbert Kohler, Ramine Rahbari, Ming Han , Alain Zaitoun. Weak Gel Formulations for Selective Control of Water Production in High-Permeability and High-Temperature Production Wells [C], SPE-25225-MS, 1993.

[112] Dawe, R A, Zhang Y.. Mechanistic Study of the Selective Action of Oil and Water Penetrating Into a Gel Emplaced in a Porous Medium [J]. Journal of Petroleum Science & Engineering. 1994, 12: 13-125.

[113] Wouterlood C J, Falcigno E D, Gazzera C E, et al. Conformance Improvement with Low Concentration Polymer Gels in a Heterogeneous, Multilayer Reservoir [C], SPE-75161-MS, 2002.

[114] Jayakumar, Swathika, Lane, Robert H.. Delayed Crosslink Polymer Flowing Gel System for Water Shutoff in Conventional and Unconventional Oil and Gas Reservoirs [C]. SPE-151699-MS, 2012.

[115] 王平美, 罗健辉, 李宇乡, 等. 弱凝胶调驱体系在岩心试验中的行为特性研究[J]. 石油钻采工艺, 2000,

22(5): 48-50.

[116] 赵传峰，姜汉桥，李相宏. 弱凝胶残余阻力系数的测定及修正[J]. 石油天然气学报, 2010, 32(4): 133-134.

[117] 刘东，胡廷惠，潘广明，等. 稠油油藏弱凝胶调驱增油预测模型研究[J]. 特种油气藏, 2018, 25(4): 103-108

[118] 杨红斌，蒲春生，李淼，等. 自适应弱凝胶调驱性能评价及矿场应用[J]. 油气地质与采收率, 2013, 20(6): 83-86.

[119] Mack J C, Smith J E. In-Depth Colloidal Dispersion gels improve oil Recovery Efficiency [C]. SPE-27780-MS, 1994.

[120] Norman C A, Smith J E. Economics of In-Depth Polymer Gel Processes [C]. SPE-55632-MS, 1999.

[121] Terry R. E., Huang C. G., Green D. W., et al. Correlation of Gelation Times for Polymer Solutions Used as Mobility Control Agents [J]. Society of Petroleum Engineers Journal, 1981, 21(2): 229-235.

[122] 罗文利，吴肇亮，牛亚斌，等. 胶态分散凝胶研究的新进展[J]. 油田化学, 1999, 16(2): 188-194.